情绪管理类畅销书

就算被冒犯、被误解、被辜负，也照样心平气和。

从此,喜怒哀乐取决于你自己。

# 别让坏脾气毁了你

## 任何场合都不失控的性格自修课

肖卫◎著

时代出版传媒股份有限公司
北京时代华文书局

**图书在版编目（CIP）数据**

别让坏脾气毁了你 / 肖卫著. 一北京：北京时代华文书局，2015.5（2018.1重印）
ISBN 978-7-5699-0246-4

Ⅰ. ①别… Ⅱ. ①肖… Ⅲ. ①情绪－自我控制－通俗读物 Ⅳ. ①B842.6-49

中国版本图书馆CIP数据核字（2015）第086548号

# 别让坏脾气毁了你

著　　者 | 肖　卫

出 版 人 | 杨红卫
选题策划 | 木　沐
责任编辑 | 李凤琴
装帧设计 | 润和佳艺
责任印制 | 王　洋

出版发行 | 时代出版传媒股份有限公司　　http://www.press-mart.com
北 京 时 代 华 文 书 局　　http://www.bjsdsj.com.cn
北京市东城区安定门外大街136号皇城国际大厦A座8楼
邮编：100011　电话：010-64267955　64267677
印　　刷 | 大厂回族自治县彩虹印刷有限公司　0316-8863998
（如发现印装质量问题，请与印刷厂联系调换）
开　　本 | 787×1092mm　1/16
印　　张 | 14
字　　数 | 250千字
版　　次 | 2015年6月第1版　2018年1月第10次印刷
书　　号 | ISBN 978-7-5699-0246-4
定　　价 | 32.00元

# 前言



有句名言："上等人，有本事没有脾气；中等人，有本事也有脾气；末等人，没有本事而脾气却大。"坏脾气的人，无论是否有本事，都不会成为上等人，成为人上人，更难以拥有快乐和幸福，因为情绪在左右你的人生。

列夫·托尔斯泰说："不幸的人有各自的不幸，而快乐的人却有着相同的快乐。"也许幸福是存在统一公式的，问题只是我们有没有找到。如果你总是因为这个世界中的人和事发脾气，表面上是你无法和整个世界和谐相处，实际上却是你无法和自己和谐相处。因为对于任何一个足够聪明的人来说，所有烦恼都是修身养性的绝佳途径，都是上天使你能够接受幸福的捶打，最终也会带来快乐的觉醒。

无论生活把什么呈现在我们面前，最终都将成为过去，如果我们不能在一次次的冲击中沉淀自己，就会让自己越来

# 前言

越浮躁。因此，无论面临何种境况，我们都要守住自己的一颗平常心，不因诱惑而迷失，不因困难而退缩，不因得意而忘形，也不因失意而沮丧。唯有如此，我们才能练就“泰山欲崩于前，我自岿然不动”的气魄，从而确保将坏脾气扼杀在萌芽状态。

明朝著名哲学家王守仁曾经提出一个著名论述，叫做“此心不动，相机而行”。就是把我和非我清晰地剥离开来，然后以我心度万物，再以万物修我心，直到最终将我心和万物融为一体。换句话说，当我们能够时刻窥视自己的内心，同时度量时间万物，就能够修炼出一颗静如止水的心，同时修炼出一副好脾气。

人的一生，会历经各种人生起伏，完全是客观环境的变化所引起的，因而当我们能够让自己的内心归于平静，其实

# 前言

也是在让世界万物回归本初的面貌。到时候你就会发现，自己所追求和执着的，以及那些厌恶和排斥的，都是那样的微不足道，唯有自己内心的宁静才是最重要的。

我们所生长的客观环境不大相同，一些负面因素可能导致你的脾气非常火爆，动不动就会大发雷霆。这个时候，你就需要首先从客观环境寻找原因，这就如同你必须把加热的炭火去掉，才能让烧开的汤水逐渐冷却下来。比如你每天接触的人脾气都很坏，或者生活和工作的压力非常大等，将这些负面因素消除，将有助于坏脾气的消除。

做事的时候不需要坏脾气。事实上，无论我们想要成功完成什么事，一个和平的心态都是首要前提，而一个心态和平的人是没有任何理由随便发脾气的。相反，如果你对坏脾气听之任之，虽然可以得到一时的情绪宣泄，却会让你失去理

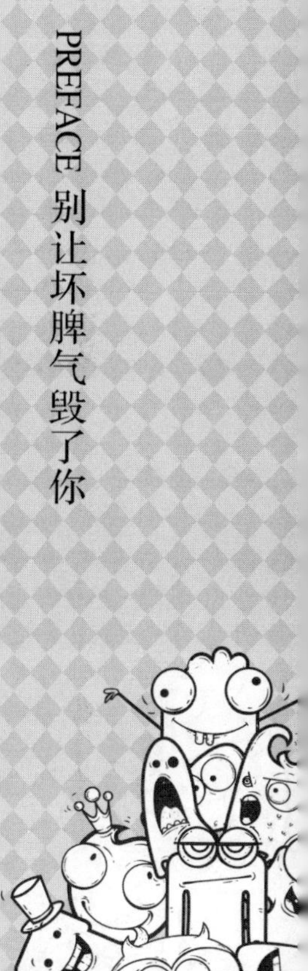

# 前言

智，甚至失去最基本的判断能力。这个时候，你失去的将不只是看得见、摸得着的利益，还包括别人对你的理解和信任，因为没有任何人会接受一个随时随地可能失去理智的人。

本书将从理论角度出发，结合实践进行论证，全面深入地解读坏脾气，解释它可能对我们产生的负面影响，同时提供具体的克制方法。为了帮助读者朋友更好地理解，书中还加入了大量案例，从而增加了本书的趣味性和通俗性。

# 目录

CONTENTS 别让坏脾气毁了你

## Part 1 想吻好脾气，却亲了坏脾气

# 目录

CONTENTS 别让坏脾气毁了你

## Part 2 戴上包容和忍耐，让坏脾气走开



## Part 3 站在高处看得远，坏脾气是磨刀石

# 目录



## Part 4 修心忍性，坏脾气走了福气来了



## Part 5 认真做事，挑战自己的臭脾气

# 目录

CONTENTS 别让坏脾气毁了你

## Part 6 远离坏脾气，打造完美自己

Part 1

# 想吻好脾气，却亲了坏脾气

21世纪最重要的是知识，比知识更重要的是心理素质，如果你是一个动不动就发脾气的人，注定会在生活和工作中处处碰壁。当然，面对越来越激烈的竞争和越来越糟糕的环境，发一点脾气又是无可厚非的。这就需要我们学习自我调节，有了负面情绪的时候可以适当排解，但同时又必须让自己的情绪处于自己控制之中，而不是毫无顾忌的乱发加大发脾气。

## 1 亲吻脾气，才能知道它的味道

要求旁人都合我们的脾气，那是很愚蠢的。

——歌德

脾气，说白了就是心态，好的心态能够让人愉悦，奋发向上；坏的心态则会让人颓败，易燥易怒。一个好脾气的人不仅能够拥有健康的身心，更重要的是能够得到大家的欢迎，从而在事业上有所成就。而一个脾气不好的人，不要说在事业上达成所愿，身心健康也会大受其累，最终还可能导致坏脾气和坏境遇的加深，陷入恶性循环，使人无法自拔。

在现实生活和工作中，总有一些事物让人欢欣鼓舞，同时也总有一些事物让人忧愁沮丧，我们因此表现出来的主观心理感受，就称之为脾气。具体来说，一个人的脾气并非取决于客观事物，而是取决于主观人物和客观事物之间的关联。换句话说，决定一个人脾气好坏的关键因素，不仅包括客观事物本身，还包括其主观的分析判断逻辑。比如同样是一首歌，有人听了之后心神愉悦，有人听了之后却心烦意乱。这就需要我们把自己的心态调整到健康状态，细心地去体验每一样事物，感受它的美好，接受它的不足，以便养成一个好脾气。

作为一项重要的心理活动，脾气对于一个人的影响几乎无处不在，也无时不在。首先，好脾气会对我们的行为起到促进作用，而坏脾气则会起到干扰作用，时间越长作用就越明显；其次，好脾气容易让人接受新事物，从而不断发展和前进，坏脾气则让人抵触新事物，从而长期处于停滞不前的状态；最后，脾气也能够传递出一个人的心理信息，一个好脾气的人几乎看到一切都很美好，坏脾气的人则看什么都不顺眼，这些在旁人眼中可谓一目了然。

奥地利精神分析学家阿德勒曾经提出“脾气反应定律”，认为：好的境遇碰到好的脾气，会以平方的形式高涨；好的境遇碰到坏的脾气，会基本上中和掉；坏的境遇碰到好的脾气，也会中和掉；而坏的境遇碰到坏的脾气，则会以平方的形式猛跌。阿德勒据此得出的结论是，当我们遭遇不幸的时候，事实是无法改变的，但是可以改变自己的心情，确保自己能够时刻保持一个好脾气。

1930年是美国经济危机最严重的一年，各行各业都受到了严重打击，身处服务业的希尔顿大酒店同样未能幸免。资料显示，当时全美有80%的酒店倒闭，勉强坚持下来的也在大量裁员，希尔顿大酒店更是背负了大量债务，其员工不禁为此人人自危，每个人都处在焦虑之中。

而服务业对从业人员的要求比较特殊，那就是他们必须把好的心情带给顾客，才能得到顾客的认可。但是在当时的况下，服务员们都在为自己的生计担忧，每个人脸上都是愁云惨淡，哪还有心情尽心尽力地去服务顾客。

总裁希尔顿及时发现了这一苗头，立即对全体员工进行了一次大培训，而培训的内容居然是练习微笑。对于每个人来说，微笑简直太容易了，于是大家很快就习惯了微笑着对待每一位顾客，尽管他们内心当中仍然担心自己被裁。然而，随着时间的推移，他们不仅没有被裁，而且薪水越来越高，遍布全美的连锁店也是一家接一家地开。

美国经济开始复苏之后，希尔顿大酒店立即脱颖而出，而他们的微笑服务传统，也从此流传下来。如今，希尔顿大酒店的连锁店已经遍布全球，总资产高达数十亿美元，成为世界酒店业中的佼佼者。

在一次接受记者采访时，希尔顿表示：“我本人也经常进住世界各地的酒店，这让我有了一个非常深切的体会，那就是无论怎样破旧的旅馆，只要能够看到服务员的微笑，都能住得非常舒服；如果没有微笑，哪怕是设备一流的酒店，也会让人心情郁闷。”

由此我们可以看出，当你对别人报以微笑的时候，别人就会在不知不觉中变得心情愉悦，这就是脾气的奥秘。在现实生活和工作中，我们经常可以听到这样的话：“怎么会发生这样的事”“真没想到他是这样的人”“我真是倒霉透了”，等等。其实，只要我们换个角度去想，很多事情都太正常不过了。比如当你看到一个满面愁容的人的时候，你会觉得他的人生态度过于消极，想疏远他。但是当你了解到他的成长经历和生活遭遇是如此坎坷之后，你却很可能会可怜他，并感叹道——如果我是他，恐怕会更消极，甚至会有厌世的想法。

我们每个人的认知过程，大致会经历三个阶段：一是建立自己的初步认知；二是不断地被推翻；三是建立自己的认知体系，不断融入别人的认知。如果是一个脾气很差的人，那么这个认知过程就足以把他摧毁，甚至打入万劫不复的绝境。比如某人因为脾气不好而与某些人产生矛盾，然后被集体排挤，继而对集体怀恨在心。当他遭到一个又一个集体排挤后，就会对整个社会产生报复心理，一旦报复行为付诸实际行动，坏脾气也就把他送上了断头台。

可以说，即使是同一个人面对同一样事物，心境的好坏也会让他产生完全不同的脾气反应。而一个人在脾气好的时候，总能够做出客观合理的反应，从而确保自己的相关行为是理智的；而一个人在脾气坏的时候，通常会做出偏激的反应，相关行为也会失控。因此，如果你要做出某个决定，尤其是一些比较重要的决定，务必保持好脾气，并且进行缜密地思考，切忌意气用事，到头来后悔莫及。

最后，现代精神研究医学已经证明，不仅脾气会影响我们的行为，我们主观选择的行为，同样也会反过头来影响我们的脾气。比如美国的詹姆士博士曾经建议一位脾气时好时坏的朋友练习中国书法，结果他的脾气越来越好，到这位朋友过世的时候，已经成为朋友圈中公认的好好先生，很多以前认识他的人都觉得不可思议。这就为我们改变自己的脾气提供了可能性，所以当你意识到自己存在脾气问题时，一方面要加强理论学习，另一方面也要选择那些有益的活动，以此确保自己能够拥有好脾气。

## 2 坏脾气这是一种病，不能放弃治疗

> 脾气暴躁是人类较为卑劣的天性之一，人要是发脾气就等于在人类进步的阶梯上倒退了一步。
>
> ——达尔文

陈瑜最近得了一种怪病，总是没来由的胃疼，严重的时候疼得她满头大汗，连呼吸都会产生困难。为了不影响工作，她请假到医院检查，不可思议的是，所有检查指标都很正常，她的胃脏功能更是被医生诊断为良。



然而，剧烈的疼痛就是从胃部源源不断地传来，检查结果没有为陈瑜带来一丝缓解。但医生也没办法，只是猜测她工作压力太大，建议多休息。陈瑜也被未知的病痛吓坏了，她干脆辞掉工作，回到风景宜人的老家静养。可惜胃疼只是稍有减轻，时不时还会让她在半夜里疼醒。

无可奈何，陈瑜只好再一次踏上求医路，并且来到了大城市的医院。经过简单的交流之后，医生虽然不得其解，但建议她去心理科室检查。陈瑜不禁狐疑，难道自己染上了心理疾病，但她还是按照医生的建议去做了。

检查结果很快出来，陈瑜得了一种时下很流行的疾病——疑病症。具体来说，患者过于担心自己会得疾病，因而对于身体的不适感

会大幅放大，然后进一步觉得自己得了这种疾病，直到恶性循环让身体不堪重负。经过医生的一番疏导，陈瑜当时就轻松了不少，再经过后续的几次治疗，很快就健康如初了。

原来，陈瑜的直系亲属都有遗传胃病，她的哥哥胃也不好。工作之后，身边的几个同事又相继遭到胃病折磨，这让陈瑜对胃病忌惮不已，最终得了严重的疑病症。

由于负面情绪的入侵难以察觉，我们很难发现自己的心理失常，因为一旦发现自己长期不开心，就要有调节心理的意识。比如遇到某些类似的事情，总是会让你发脾气，事后又会觉得后悔，知道自己不该发脾气。如果你有过这样的经历，甚至正在经历着，就需要仔细审视自己的情绪。要知道，一两次发脾气，可能是别人的问题，但一直发脾气，恐怕就是你自己的问题了。我们时常会说，不要带着情绪工作，也不要把工作情绪带回家，在驾校学开车的时候，教练还会告诉你不要负气开车，这些都是需要我们调节情绪的时候。

一项来自美国的职场调查研究发现，成功人士的智商都在人类平均线上下浮动，但他们的情商却明显高出普通人。而所谓情商，就是能够自如调节自己的情绪，同时能够觉察并引导对方的情绪。在此，我们除了要有一个强大的情绪调节意识外，还要掌握一定的情绪调节技巧，从而全面确保从“情绪猛兽”中挣脱，让自己能够随时随地驾驭、调节和管理自己的情绪，直到养成习惯。

具体来讲，我们可以参考以下7个方面审视自己，参考内容为：

（1）发现问题，找到发脾气的原因。这里一定要注意，必须针对问题本身，而不能针对问题以外的任何因素。唯有如此，才能保证绝对的客观，避免把责任推卸给别人，同时也防止过分的自责，这些都是不可取的负面情绪。

（2）看到事情的两面性。任何一件事，都是由好的一面和坏的一面共同组成，区别仅仅在于好的一面大于坏的一面，还是坏的一面大于好的一面。因此，我们不能被好的一面蒙住双眼，从而忘记坏的一面可能带给自己麻烦；同时也不能因为坏的一面，陷入负面情绪无法自拔。要知道，坏事的表面之下，很可能暗藏着成功的契机。

（3）不要忘记自己的辉煌。一个人的运气就好像连绵起伏的群山，哪怕大多时候处于低谷，也总会有高耸入云的时候。因为，当我们深陷低谷的时候，决不能忘记自己曾经取得的成就，然后朝着自己的目标阔步前行。

（4）要懂得犒赏自己。有了什么值得庆祝的事，一定要给自己点甜头，比如一顿丰盛的大餐，一件漂亮的衣服，或者随便什么能够让自己高兴的事情。当然，这样做的目的不仅仅是为了助兴，同时也是留个纪念，以便自己在日后有个回忆，尤其是在消沉的时候能够振奋向上。

（5）不要被同一块石头绊倒两次。每个人都会犯错，为什么有的人能够乘风破浪，有的人却只能原地踏步呢？原因很简单，那些能够乘风破浪的人从来不会被同一块石头绊倒两次。他们会总结失败的教训和经验，把绊脚石当成自己的垫脚石，从而不断向上攀爬。

（6）握住并珍视自己拥有的事物。如果你一贫如洗，请不要抱怨，因为这个世界上还有很多一贫如洗的残疾人，这是演讲大师卡耐基一生的感悟。作为一名普通人，我们永远不要抱怨自己起点太低，因为有很多人起点并不如你，可他们最终达到的人生高度。

（7）为欲望套上缰绳。如果你认为欲望可以通过放纵来进行填补，那么失败将会在不远处等着你，因为欲望就像是一头野兽，越放纵就越会让它疯狂。要知道，欲望这东西，满足不了的时候痛苦不堪，满足了之后又会无聊之极。所以，每个人的重点都是一样的，我们与其急急奔向它，不如慢下来享受过程。

很多人性格相对内敛，这直接造成的结果就是容易心里藏事儿。包括一些负面的情绪，也会一股脑装进心里，任由它们去发酵膨胀，直到把自己的脾气搞得一团糟，最终连自己的健康都要消耗掉。很多人在情绪出了问题后，还会寻求药物帮助，甚至产生药物依赖。这样就会让身体状况愈发糟糕，并且让脾气越来越差，以至于在恶性循环当中走向绝境。所谓“对症下药”，如果能够解决情绪问题，脾气自然会好起来，否则恐怕只能在不断的痛苦中艰难生活。

## 3 自卑不是错，错在对他人发脾气

夸张是发了脾气的真理。
——纪伯伦

自卑是我们被贬低或否认时的一种心理体验，这种负面情绪有时候来自外界，有时候来自内心，但更多的时候是两方面的原因。通常来讲，一个人如果长期被别人贬低和否定，他的自卑心理就会产生，从而在内心深处对自己的一面乃至整个人生做出否定的断论。应该说，自卑的人是非常痛苦的，他们的眼中毫无希望可言，整个世界一片昏暗，严重者甚至会出现轻生的念头。然而，日本九州大学自卑感研究专家关计夫教授曾经说过：真正的自信往往来源于自卑。可见，自卑感并不可怕，也完全没必要烦恼，只要我们运用得当，反而会成为促人上进的良药。

从生理层面来讲，自卑心理会严重抑制大脑皮层的运动，导致有害物质不断分泌。这些有害物质虽然能够调和大脑压力，但同时也会吞噬人体的免疫力，长此以往就会让人体的抵抗力下降，甚至过早衰老。伴随而来的身体反应可能有反应迟钝、记忆减退和食欲不振等，都会造成自卑心理的进一步恶化。这就要求我们及时跳出自卑的怪圈，接收生活和工作中的挑战，哪怕失败也毫不气馁，逐步摔打出自己的信心。

想要摆脱自卑，最重要的一点就是爱惜自己，并且精心地培养自己。你可能会说："我太笨了，做什么事都失败。"事实上，失败并没有一个标准的定义，更多时候不过是别人强加给你，而你又照单全收罢了。试想一下，不管别人怎么说，你都以"万夫不当之勇"奔向成功，即使失败也无所畏惧，自卑又怎么可能困扰你呢？要知道，只要你勇敢地迈出脚步去追寻成功，哪怕失败也是光荣的，毕竟还有很多人只是纸上谈兵，而这些纸上谈兵者很可能就是带给你自卑的人，他们才应该是真正自卑的人。

一个基本的事实是，自卑大多来源于自我暗示，比如面对一件事，你还完全没有开始去做，就对自己说我做不好，结果可想而知。不是吗？我不会，我不知道，我不漂亮，我做不到……当你把这些话轻而易举地说出口之后，是不是觉得无比轻松？好像只要承认自己什么都做不来，就一点责任都不用承担了。由此可见，自卑往往是懦弱的表现，是一种逃避事实的愚蠢做法。所以说，战胜自卑，首先要把"不"字换成"能"字，不断暗示自己能够做到想做的事，迟早有一天会让自己浑身充满自信。

古希腊雄辩家德摩斯梯尼小时候患有严重的哮喘病，他呼吸短促，声音微弱，受到很多人的讥笑。由此产生的自卑，更是让他患上了口吃，对于当时盛行雄辩的社会来说，德摩斯梯尼注定会成为一个失败者。

然而，在一次海边散步的时候，德摩斯梯尼忽然看到一群小海龟破土而出，朝着大海分离奔爬。很快，大群的飞鸟闻风而来，残忍地啄食着小海龟。海浪一波一波打向沙滩，把很多奋力爬到水边的小海龟打回来，一次又一次。海水中，也早有食肉鱼类严阵以待，经过千辛万苦进入海水的小海龟，又有不少被吃掉。

将这一幕看在眼里的德摩斯梯尼猛然醒悟，他忽然觉得自己就像是一只小海龟，不同的是正龟缩在沙洞里等死，而不是勇敢地跳出来与命运决一死战。想到此，他立即站起身迎风大喊，并且每天来到海边坚持练习。后来，他终于治好了呼吸短促和声音微弱的毛病，说来也怪，就在不知不觉中，他的口吃也好了，这让德摩斯梯尼得到了极大鼓舞。

为了培养自己的演讲能力，他每天对着镜子练习姿势，通宵达旦地阅读和背诵希腊史诗。为了锻炼自己的体力，他还坚持每天跑步上山，并且口含石子边跑边喊。一切准备妥当，德摩斯梯尼又把自己关进地下室，年复一年地研究辩论技巧。这样直到28岁，他从地下室里走出来的时候，身上已经找不到一丝自卑的痕迹了。

应该说，我们每个人都是优点和缺点的结合体，在看到自身优点的时候，我们也要看到自身缺点。同理，在我们看到自身缺点的时候，也要看到自身优点。当然，在我们看到自身优点的时候，要学会给自己一点掌声，告诉自己你很棒，即使不能成为最好的，也要站在成功者的队列里。即使受到伤害，也不要总是奢求别人的理解和安慰，如果没人这么做，就觉得所有人都对不起自己，同时也会对自己产生怀疑。要时刻谨记，能够永远陪着你的人，只有你自己，别人都很忙，没有时间和义务随时照顾你。

客观来讲，自卑心理的产生，通常是因为我们不能正确面对自身的缺点。比如任其发展，最终铸成大错，或者遮遮掩掩，欲盖弥彰，这些都会让事情一步步走向恶化。相反，如果我们能扬长避短，并且取长补短，则能够化腐朽为神奇，创造不一样的精彩。而最为关键的一点是，这样做能够让我们处于不断的进步之中，从而让自己变得越来越强大，自卑感自然会离我们越来越远。因此，正确地面对缺点会让自己越来越自信，错误地面对缺点才会产生自卑心理。

总而言之，我们终归是人而不是神，没有谁能够永远不犯错误，也没有谁浑身上下都是优点。值得一提的是，自尊心越强的人，越容易陷入自卑，只是因为他们的心理非常脆弱。比如过于关注别人对自己的看法，以至于别人稍微小声说点什么，都会觉得他们是在私底下议论自己。对此，我们要有自己的认识和观念，对于别人的评论也要有客观分析的能力，确保做到有则改之，无则加勉，至于那些完全属于“嚼舌头”的风凉话，则可以直接无视，犯不上因为那些没有意义的事情浪费时间和精力。

## 4 不要等负面情绪爆发，先清理情绪毒素

好脾气是人生的一笔财富。

——威·赫兹里特

负面情绪就像体内毒素，不管我们怎样注意，还是会堆积存在。但是只要我们及时排除毒素，就能够保持一身轻松。然而，排毒的哪些方法是有效的，却需要我们认真探讨。简单来说，如果排毒的方法不可取，很可能会起到适得其反的效果；而排毒的效果不明显，又会让我们失去情绪调节的信心。这就需要我们认真了解相关技巧，然后结合自身实际情况，掌握切实有效的排毒方法。

有句话说“生活就像一团乱麻”，仔细想来是很有道理的。我们每天要接触的人，以及要解决的事情，总是纷乱不已。稍有处理不当，就会加重自己的负面情绪，这又会加大我们接触其他人和处理其他事不当的几率，从而导致负面情绪更浓，生活可不就成了“一团乱麻”。

我国科学家曾经对一个长寿村进行调查研究，得出很多的分析数据，但是都经不住推敲。直到有一天，一位心理学家加入调查组，大家才注意到住在长寿村的人很注意排压。一个最典型的办法就是，如果有什么不满需要倾诉，可以写在纸上贴到公告栏。这

个时候大家会围观议论，并且请出族长主持公道，而所谓的主持公道，就是让产生矛盾的双方当着众人进行倾诉，直到他们怨气全消，主动和对方握手言和。

一个脾气火爆的老妇人到新西兰旅行，同时给自己定下一个重要的任务，就是学习新西兰人的好脾气。因为她的坏脾气已经让家人难以忍受，不仅儿子和儿媳早早地搬了出去，连老伴都和她分居两室了。

来到新西兰，老妇人发现这里也没什么不同，只是生活节奏慢了点。对于向来雷厉风行的她而言，这一点恐怕是学不来的，尽管她已经感受到了一丝不同的文化气息。当然，既然已经来了，老妇人还是决定深入了解一些这里的风土人情。

接下来，老妇人发现新西兰人就像树懒，几乎连动弹一下都显得极不情愿。这不禁让老妇人生出疑问，难道新西兰人的好脾气是因为他们懒得发脾气？从机场去酒店的路上，出租车忽然停在路上，老妇人以为车子坏了，结果一只树懒慢悠悠地从车子前面走过。司机不但一点都不着急，等树懒走过去之后，还伸了个懒腰才继续赶路。

在一家商场外口，老妇人终于找到了自己想要的答案。她看到一个年轻人正在埋头修婴儿车，里面的婴儿已经哭得雷声震天。但这个年轻人却丝毫不着急，他一边修还一边说："不要着急，千万不要着急，马上就可以修好了，你可以做到的，一切都没问题。"

老妇人感叹这个年轻人好脾气，忍不住过去帮忙，可是当他开始哄那个孩子的时候，才发现年轻人的话是对自己说的，并不是对婴儿车里的孩子。换句话说，他的内心当中也很着急，但是他在用近乎自我催眠的方法，把压力排解掉了。

懂得随时排解压力，这就是新西兰人的社会文化，同时也是老妇人寻找的答案。年轻人为什么要独自看护孩子呢？很可能刚刚和妻子吵完架。为什么婴儿车坏了呢？原因虽然多，但至少表明他很倒霉。总而言之，年轻人有足够的理由发脾气，但是他并没有这样做，而是及时把怨气排解出去。这就好比水壶的盖子，每次即将被顶出来的时候，都会有一端跑出蒸汽，让盖子重新落回去。如果没有这部分先跑出来的蒸汽，那么盖子无疑会被顶出来，倘若我们选择用手强按，只能让盖子受到的压力越来越大，直到“嘭”的一声飞出去。

梁朝伟在电影《花样年华》中有一个貌似神经质的做法，就是对着空荡荡的墙洞自言自语，而且好像还乐此不疲。其实是因为他心里积攒了太多秘密，如果不说出来会让自己受不了强大的压力，但是又不能说给人听，所以才有此选择。负面情绪对于我们来说同样如此，为了避免集中爆发，最好的办法就是适时适当地排解情绪，如果我们找不到别人倾诉，或者不方便对人倾诉，仿照电影里的人物尝试一下，也可能是个不错的选择。

其实，在我们的身边，很多人都在成功排解着自己的压力。比如去健身房跑步，跑得大汗淋漓，筋疲力尽，不仅发泄了情绪，而且锻炼了身体。这里需要我们特别注意的是，虽然释放压力是很好的做法，但并不是什么方法都可以尝试。比如酗酒、网游等疯狂行为，虽然能够在一定程度上缓解压力，但是对于我们的境遇改变并无帮助，甚至还会把事情搞得更糟。如此一来，只能给自己施加更大的心理压力，所谓饮鸩止渴是也，这不是在排除自己体内的毒素，而是在以疯狂的速度积累毒素。

## 5 南瓜能承受巨大压力，做人学学南瓜

通常拥有绝技的人，都有奇怪的脾气。

——古龙

我们每个人从一出生开始，就要承受来自方方面面的压力，包括自身的压力，比如疾病和伤痛等，以及来自外界的压力，如生存和发展等。也许在你的眼中，很多人都生活得非常轻松，但你看到的却仅仅是一个方面，他所面临的压力很可能比你更大。因此，一个人是否拥有良好的脾气，主要的决定因素并非外界事物，而是自己的内心世界。所谓“人无远虑，必有近忧”，当你能够把自己的整个人生料理好，压力也会变得如同空气一般，虽然无处不在，却几乎感受不到。

通常来讲，攻击、忧郁和焦虑是心理压力过大的表现，其中攻击是指神经过于敏感，稍微遇到刺激就会做出疯狂举动，这种看似强大的做法完全是为了掩盖内心的脆弱；忧郁是一种综合性负面情绪，包括自卑感、危机感和孤独感等多种因素，通常可以理解为攻击行为和心态的恶化；焦虑显然比忧郁更加严重，因为这种负面情绪已经会伴有不同程度的生理反应，如失眠、盗汗、胸闷等。如果这种情况得不到及时缓解，而是任其发展下去，那么下一步很可能会恶

化成抑郁症。

面对越来越复杂和激烈的社会竞争，我们的压力只能是越来越大，如果想要占据自己的立足之地，就必须加入到强者的队伍当中。然而，究竟什么样的人才是强者呢？如果你认为身体强壮的人就是强者，显然已经太落伍了。不可否认，拥有健康强健的身体是成功者的重要条件，但是相比之下，坚毅的性格显然更加重要。芝加哥大学的柯巴沙博士曾经指出：一个强健的身躯，只能抵御疾病的侵袭；只有坚毅的性格，才能抵御一切负面情绪。

美国麻省理工学院曾经做过一个著名的压力测验，很多人从中获得启示，也为人们提供了充分的抗压依据。

研究者选定的测试对象是看似软弱的南瓜，具体方法是用铁丝做成结实的罩子，把南瓜整个包裹起来。专家们还请来植物学家助阵，他们在实验之前得出的结论是，南瓜能够承受大约500磅的压力。在压力值达到这个高度后，南瓜要么停止生长，要么在压力下自爆。

让研究者感到意外的是，南瓜迅速长成的同时，压力值轻松突破了500磅。这个时候，它既没有停止生长，也没有自爆的倾向，看上去更像是要把铁罩撑开。很快，压力值达到了惊人的1500磅，研究者开始日夜看守，一刻不停地对它进行观察。在压力值达到2000磅的时候，铁罩的承受力已经到达极限，眼看就要被日渐长大的南瓜撑破。

为了得到预期的实验结果，研究者做了一个更加坚固的铁罩，但南瓜仍然试图将它撑破。在接下来的实验中，研究者一共进行了两次加固，才最终迫使南瓜自爆。而这个时候，压力表上的指针已经达到了5000磅，也就是说，南瓜抵御压力的能量，比研究者预计的数值高出了整整十倍。

后来，这一实验被引入心理学界，为很多研究者提供了论据，同时也让很多心理疾病患者得到了新生。

一颗小小的南瓜，尚且能够承受如此巨大的压力，何况是我们人类。很多人之所以在生活和工作中不堪重压，往往是因为过低地估计了自己的抗压能力，因而还没有开始尝试就主动放弃了。对此，我们不如把压力轻松放上自己的肩头，看看自己的压力承受值到底有多大。应该说，没人知道自己的抗压能力到底有多大，而且我们越是躲避压力，就越是会受到它的困扰，最终也躲不过它的纠缠。如果我们轻装上阵，就会发现压力并不可怕，不知不觉中已经被自己降服。所谓“面对困难，问题解决一半；逃避困难；难度增加一倍”。

拥有抗压能力，首先要求我们把压力当作一种常态，甚至当成现实世界中的一部分。我们要始终提醒自己，只要是生活在这个世界上的人，谁能没有压力呢？不同的只是大家面对压力作何选择，我们选择了坚强地面对，就能够不断锤炼和锻造自己的能力；而如果选择了逃离，则只能停留在原地踏步，被别人残酷地超越和淘汰。当然，就像那颗小小的南瓜，我们的压力承受能力也是有限的，并不是什么压力都能往自己的肩上放。这就要求我们合理制定自己的目标，切实完成计划，然后一步一个脚印地执行。

我们常说，没有压力就没有动力，是非常有道理的。因此，只要我们合理调配自己的压力值，把目标定得合理，把计划做得科学，完成过程中也能够一丝不苟，压力将不仅是正常合理的，还将是非常有益的。比如心理学家曾经对100名职业经理人跟踪调查，发现他们大多都会自觉或不自觉地让自己生活在适当的压力中，以确保自己能够时刻处在微刺激状态中，从而不断促进自己的进步和发展。相反，那些能够把压力排解得干干净净的人，反而每天混吃等死，工作表现非常一般。

媒体曾经做过一则报道，有位母亲带着儿子去公园玩儿，不小心遭遇车祸，儿子被卡在轿车下出不来。这位母亲情急之下竟然把轿车抬了起来，在旁边人的帮助下，很快救出了她的儿子，因为及时送医院抢救才得以保命。一辆私家车至少也有一吨的重量，平均分配到四个轮胎也有250公斤，这位母亲及时抬起一角，也要承受这样的力道，如果不是自己的儿子卡在车下，她可能永远也不知道自己能够抬起这么重的东西。因此，在面对压力的时候，我们不要轻易说放弃，说不定那些在你看来不可能的事情，举手抬足间就完成。



需要注意的是，压力虽然值得抵抗，却不可以长期处于重压之下。心理学家曾经做过一个形象的比喻，认为我们的抗压能力就像一根弹簧。虽然潜力很大，但毕竟有极限，如果长期处于拉伸或按压状态，也会失去自身的缓冲能力。由此可以得出结论，如果我们想要轻松面对生活中的压力，保证自己受到的压力适度，也是很重要的一个方面。

## 6 虚荣是坏脾气的罪恶之花

脾气坏的人往往把天气和风向当作一个借口来掩饰他们那又暴躁又阴郁的脾气。

——狄更斯

庄子是我国道家学说的代表人物之一，其一生的很多事迹都广为流传，对于世俗名利的淡泊更是令人钦佩。

一次，楚威王听说庄子的才德，派使者前来聘请，许以重金高位。使者称得上巧舌如簧，他在庄子面前滔滔不绝，说的尽是一些名利场上的虚荣事。庄子闻语，宛如清风过耳，既不答话也不走心，等到使者终于说完了，庄子才出言拒绝。

在使者看来，庄子的做法简直是疯了，一个平头百姓能有机会入朝为官，是多少人梦寐以求的事情。庄子解释说：“大王的聘金的确很重，许给我的官位也不低，但是我从来没有见过无功受禄的事情。你知道那些用来祭祀的牛羊吗？它们从一生下来就被好好供养着，进入祭祀场的时候还会披红戴绿，可是最终却要被宰杀放上供桌。在我看来，它们还不如那些在污泥里打滚的家猪，虽然生活得很普通，却能够做自己想做的事情。”

使者回去把庄子的话禀告楚威王，楚威王知道庄子志存高远，从此再也不敢前去打扰。

在我国，高官厚禄从来都不乏有人追求，甚至不少人把它们当成自己的毕生追求。然而，高官厚禄究竟能够带给我们多少欢乐，那些所谓的理想又有多少虚荣的成分，我们穷尽一生去追求这些，真的有意义吗？很多时候，荣耀只是一件华而不实的外衣，在别人看来光鲜无比，自己心中却五味杂陈。可惜有些人已经被虚荣“绑架”，为了让别人高看一眼，不惜付出高昂代价，明知“苦海无涯”，却仍不知“回头是岸”，甚至已经无法“回头”。对此，我们必须时刻警惕虚荣心的侵袭，力争一开始就把它拒之门外，从而守住自己的平常心态。

事实上，虚荣心是非常脆弱的，因为在它的“庇护”下，我们得到了多少，同时也会失去多少。比如我国战国末期的“杀神”白起，虽然名利双收，在历史上留下了千古英名。但是为了保住自己的名利，居然亲手杀害了自己的妻子，因而失信于天下，最终连自己也惨遭杀害。虚荣心究竟有多可怕？它可以让我们失去理智，变得越来越沉不住气，直到铸成无法挽回的大错。而且你的虚荣心一旦被人窥破，很容易被对方利用，从而做出一些损己利人的糊涂事。

虚荣心的可怕，最主要在于它能够激发你无穷的欲望，直至陷入无法自拔的泥沼中坐以待毙。那么，我们应该如何对付虚荣心呢？只要谨记四个字就可以了，即“知足常乐”。要知道，欲望是永无止境的，适当的满足可以让我们更好地面对生活，而一旦放纵无度，则必定害人害己。所谓“事能知足心常泰，人到无求品自高”，我们只有怀有一颗知足的心，才能在生活和工作中处处享乐，而不至于被虚荣心迷惑，丢掉自己的同时，也丢掉了幸福和快乐。

也许有人会觉得，那些名利双收的人吃香的喝辣的，动辄一掷千金，一定非常幸福。事实上，一个人得到的越多，他受到的束缚和牵

绊就越多。可能有些人不用为了吃喝用度而发愁，但是需要他们为之发愁的事情，远远要比吃喝用度更加复杂和沉重，他们每天所感受到的快乐，也不一定比你多。其实，真正的快乐只能来自你的内心，如果守不住内心世界的平静，外界充沛的物质只能助长你的虚荣心，甚至让那些本该被你享受的物质，成为你的拖累和负担。

因此，在我们审视人生的时候，一定要足够高瞻远瞩，也一定要足够全面透彻。所谓名利，如果能够得到最好，如果无法得到也不要强求，太过强求只能让事情越来越糟，同时让自己越来越沉不住气。为了更好地摆正心态，我们可以去审视一下那些利欲熏心的人，当他们被名利蒙蔽了双眼之后，做出的很多行为都显得那样幼稚和可笑。你看你会觉得如果换做自己，一定不会犯那么低级的错误，但实际上只要你被名利吞噬，被虚荣心绑架，同样会犯很多看似不可能犯的错误。

下面，我们来做一个简单的虚荣心小测试：

（1）如果在人流中看到地上有一块钱，你会装作没看见吗？

（2）开怀大笑的时候你会不会捂嘴？

（3）朋友来访时，你会整理自己的房间吗？

（4）相对于商品的价格和质量，你更看重前者吗？

（5）你是否遇到每一面镜子都会照一下？

（6）你做过整形手术或有过相关念头吗？

（7）你偏爱名牌包包吗？

（8）你喜欢照相尤其是自拍吗？

（9）你喜欢向别人展示那些让自己感到骄傲的食物吗？

（10）你介意和一个穿着邋遢的朋友一起参加活动吗？

以上10个问题，每做出一个肯定回复，加一分，否定答案不加分。10道题答完之后，如果你得到的分数小于3分，说明你不是一个虚荣的人，只要保持目前的心态即可；如果你得到的分数在3分到6分之间，说明你是一个轻度虚荣的人，但是没关系，只要你在这方面多加注意，并不会影响你的正常生活；如果你得到的分数大于6分，说明你的虚荣心已经非常严重，已经到了影响正常生活的程度。为了让自己摆脱虚荣心的困扰，你必须尽快摆正自己的心态，同时纠正自己的行为。

居里夫人曾经说过，“名利总是躲着那些追逐它的人，同时也总是追逐那些躲着它的人”。如果有一天我们能够放下自己所孜孜以求的，可能它就会在不经意间降临我们的世界，为我们带来梦寐以求的成功。这种做法并不是随波逐流，而是放开那些使我们一叶障目的东西，消除虚荣心的作祟，从而让自己站在一个足够高和足够远的地方审视全局，然后用最省力和最有效的方法，解决最关键的问题。

## 7 别让自己成为脾气的奴隶

我们的性格即我们的自身。

——柏格森

面对人生的跌宕起伏，我们时而信心十足，觉得没什么事能难住自己；时而垂头丧气，觉得自己什么事都做不了。从客观角度来讲，这种完全失去了自主控制的情绪反应，就表明你已经沦为脾气的奴隶。那么，为什么会出现这种情况呢？原因很简单，我们每个人的安全感、存在感和成就感，都建立在自己对整个社会的认知上。一旦我们的认知与他人或集体发生矛盾，实际上等于对方或集体否认了自己，连带效应会造成我们的安全感、存在感和成就感被撼动。

因此，当我们与外界认知产生矛盾时，首先做出反应的不是理智分析和判断，而是情绪对立和反应。这个时候，如果我们能够关闭情绪的闸门，沉住气后进行冷静分析，很多事情都能够化解于无形。如果你没有掌控情绪的习惯，甚至没有掌控情绪的意识，情绪的洪水就会倾泻而出，从而使自己的行为失去理智，最终难免做出让自己后悔莫及的事。如果这样的事情一再发生，那么毋庸置疑，你在自身情绪发生反应的时候，已经毫无自主能力。

曾国藩是清末重臣，在他的积极运作下，清王朝得到了一丝苟延残喘的机会。而说到曾国藩此人，从入仕之初的心浮气躁，到功成名就之后的精干练达，就经历了一个典型的情绪掌控变化。

最初，曾国藩的势力只是一个地方民间武装，他的最大志向也不过是保一方平安。但时代的潮流把他推到了风口浪尖，湘军不但成为各地武装中的佼佼者，而且作战能力很快超过了清王朝的中央武装。

如此一来，曾国藩就无法避开与太平天国交锋。最初，他并没有把对方放在眼里，准备拉开架势大干一场，从此留名青史。但是以石达开为首的太平天国武装，实力极为强劲，导致曾国藩首战就吃了大亏，鄱阳湖一战几乎使他全军覆灭。

自建立自己的武装以来，曾国藩还没有吃过这样的亏，一时间让他觉得天昏地暗，甚至想到了投湖自杀，庆幸被属下拦住。接下来，曾国藩痛定思痛，他回想自己创立武装之初，境况还不如当下，一时间豁然开朗。大丈夫在世，哪能遇不到一点挫折，失败了并不可怕，大不了重头再来。

抱定这样的想法，曾国藩很快开始整军备战。在此后对太平天国的作战中，曾国藩虽然明知不敌石达开，但还是屡屡卷土重来。就这样，在一次又一次的作战过程中，曾国藩的湘军虽然少有胜利，却愈战愈勇，同时积累了很多作战经验，尤其在作战心理上渐渐占据了优势。

最终，经过屡败屡战的磨砺，湘军成为一支无坚不摧的军事力量，在剿灭太平天国的过程中发挥了中流砥柱的作用，曾国藩也从此功成名就。后来，在湘军气势最强盛的时候，还有属下劝他起兵反清，建立帝业，这让当时的很多湘军将领欣喜若狂。但曾国藩却抑制住激动的心情，看清了当时天下即将大乱的趋势，最终选择了急流勇退，因而得以在乱世中度过安稳富贵的余生。

古语有训："不以物喜，不以己悲。"就是告诉我们不要在得失之间被自己的情绪控制，只有这样才能冷静地看待得失。古人智者大多讲求"舍得"的智慧，认为有舍才有得，这不仅是一种处世哲学，同时也是一种情绪自控术。而一旦你能够掌控自己的情绪，就能够认清得失，拿捏好取舍的尺度，如此也能让自己的情绪越来越平稳。因此，当你经历得意的事情时，最好懂得低调做事，不要招摇过市，惹人嫉妒；而当你遭遇失意的事情时，也不妨一笑置之，像曾国藩那样积蓄力量以图东山再起。

事实上，我们完全可以把情绪当成一杯美酒，无论是在得意时用它助兴，还是在失意时用它消愁，都要确保点到而止。遇到不平之事，敢于发出一声怒吼才是真男儿，但是绝不能意气用事。遇到消沉的事情绪低落也无可厚非，但是绝不能就此一蹶不振，要有"从哪里跌倒，从哪里爬起来"的决心，也要有"抖擞精神，舍我其谁"的气概。要知道，得意的时候目空一切，失意的时候崩溃萎靡，任何一个人都能够做到，但这往往也是心智不成熟的表现，因为他们并没有自主掌控情绪的意识和能力。

德国著名哲学家康德曾经说过："人的一生可能犯各种各样的错误，但原因通常只有一个，那就是控制不住自己的脾气。"我们可以回想一下，自己曾经犯下的诸多错误，情绪失控在诸多原因当中占据多大比重，相信你得出的答案连自己都会感到惊讶。因为管不住自己的脾气，你被忧愁、痛苦和绝望等负面情绪反复蹂躏；因为管不住自己的脾气，机会明明已经出现，你却一次次失之交臂；

因为管不住自己的脾气，你轻易地被别人激怒，跳入他们挖好的陷阱；还是因为管不住自己的脾气，你原本处于好心的做法，最终把事情搞得一团糟。

毋庸置疑，任何一个成功的人，都必定是一个内心强大的人。而任何一个内心强大的人，都必定是一个自制力极强的人，尤其懂得如何控制自己的脾气。他们知道自己想要的是什么，同时也知道什么事情能做，以及什么事情不能做，因而坏脾气只会停留在他们的感性层面，并不会影响他们的理性决断，更不会影响他们的理智判断和行为。如果我们能够修为至此，哪怕大事不成，也一定能够在社会当中找到自己的立足之地。

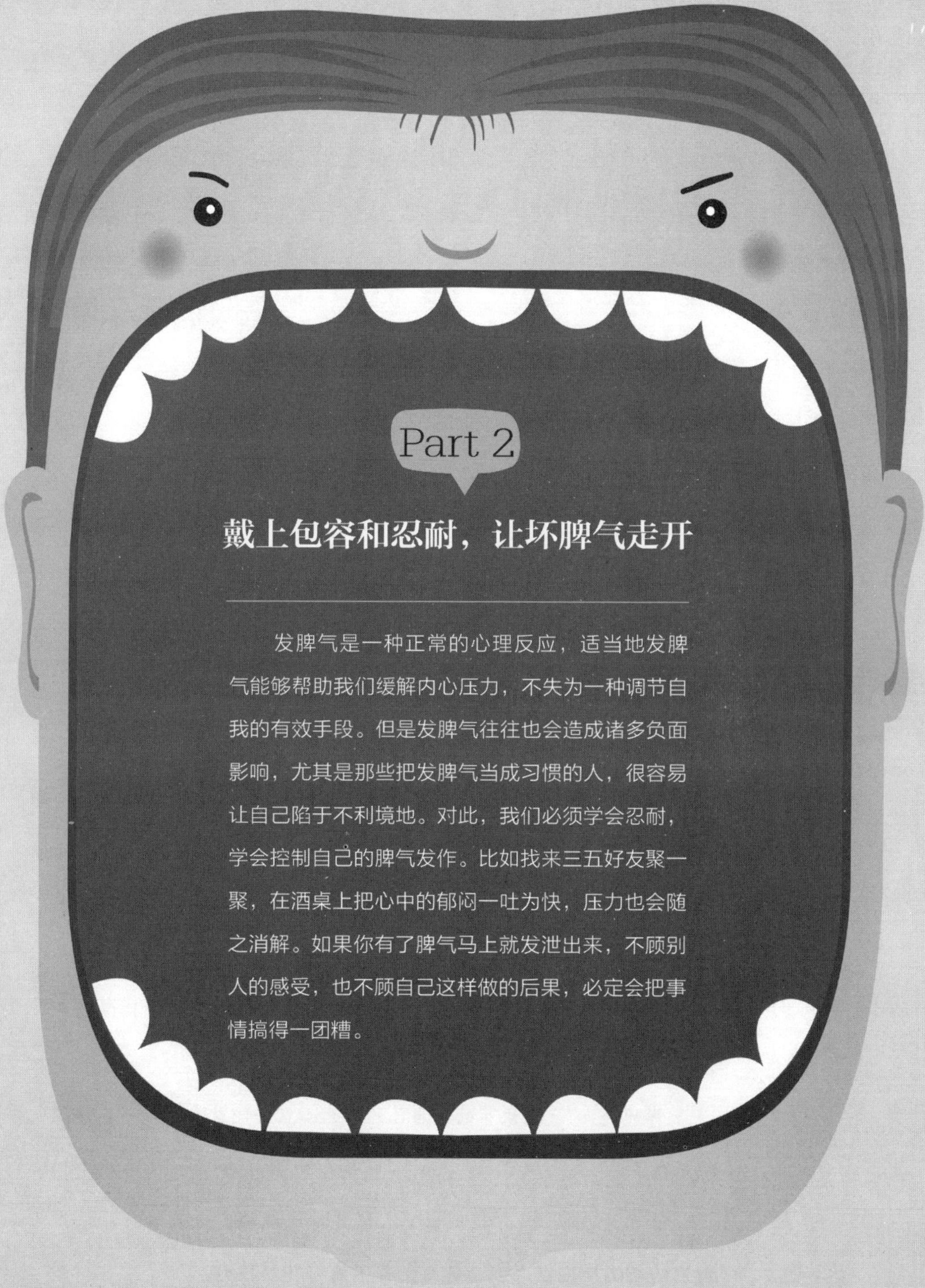

Part 2

# 戴上包容和忍耐，让坏脾气走开

发脾气是一种正常的心理反应，适当地发脾气能够帮助我们缓解内心压力，不失为一种调节自我的有效手段。但是发脾气往往也会造成诸多负面影响，尤其是那些把发脾气当成习惯的人，很容易让自己陷于不利境地。对此，我们必须学会忍耐，学会控制自己的脾气发作。比如找来三五好友聚一聚，在酒桌上把心中的郁闷一吐为快，压力也会随之消解。如果你有了脾气马上就发泄出来，不顾别人的感受，也不顾自己这样做的后果，必定会把事情搞得一团糟。

# 1 凡事不强求，心态最重要

> 要求旁人都合我们的脾气，那是很愚蠢的。
>
> ——歌德

禅师和弟子讨论富贵与贫穷。

大弟子说："富贵好，富贵可以供养佛陀，得来世果报。"

小弟子说："贫穷好，贫穷可以修身养性，得来世福报。"

大弟子与小弟子争论不休，禅师却始终闭口不言，直到弟子二人向他求证。

时正值深秋，凉风袭来，吹得庙前大树落叶纷纷。禅师一指那落叶说："人的命运就如同那落叶，被风一吹，纷纷降落。有些落到了石栏玉阶上，有些落到了沟渠污秽里，一来无福报，二来无果报，一切不过自然如此而已。"

大弟子不解，问禅师说："我们每日里供养佛陀，并且说服世人供养他，为什么不能得其果报呢？"

禅师说："我们供养的是自己的心，心在佛陀就在，心不在佛陀也就不在了。"

小弟子也问道："我们出家人谨遵佛陀教诲，每天修身养性，又用他的教诲度化众人，为什么来世不能得其福报呢？"

禅师说："不是佛度众生，而是众生度佛。"

大弟子和小弟子一起问道："既然如此，我们为什么还要继续修行下去呢？"

禅师说："我们修的是此世心，而非来世果。"

不言而喻，我们每个人都希望自己生下来就含着"金汤匙"，一辈子不用劳作而得享富贵。但这样的人毕竟只有少数，我们出身在什么样的家庭，是无法进行主观选择的。何况，我们追求的终极人生目标是幸福，生在富贵人家不一定幸福，而生在贫穷人家也不一定不幸福。因此，目前的艰辛只能代表一时的困境，我们与其纠结某样事物苦苦挣扎，不如选大度地放手，让一切归于自然，同时也让自己的心境归于平常。其实，只要我们努力了，好好地享受过程就已经足够，无论结果如何都不必用后悔惩罚自己。

人生在世，能否在大事难事面前勇往直前，要看我们是否有责任感；在逆境和顺境之中能否稳坐钓鱼台，则要看我们的胸襟；一喜一怒之间，可以看到你的涵养；一取一舍之间，也足以看到你的智慧；至于成败，则完全取决于你是否懂得坚持，懂得失败只是暂时的，只要坚持到底就能取得胜利。这些事情看似跌宕起伏，实际上最终都要归于自然，我们也只有顺其自然，处之泰然，才能在简单和真实中得享心安。

佛家的修行讲求三重境界：第一重是见山是山，见水是水；第二重是见山不是山，见水不是水；第三重是见山又是山，见水又是水。投射到我们每个人的身上，世上真正快乐的人有两种，一种是懵懂无知的孩子，另一种则是大彻大悟的智者，而我们大多数人则夹在中间"见山不是山，见水不是水"。实际上，孩子和智者之所以能够拥抱幸福，就是因为他们眼中的一切都是简单而自然的。为此，他们不想去改变，也不会为能否改变而忧心忡忡，只有自得其乐地享受每一秒时光。

有句话说："上天要求我们努力，但不要求我们成为最好的。"事实就是如此，全力以赴的确是一种理想的状态，但这并不意味着你一定能够得到称心如意的结果。因此，无论是待人还是处事，我们只要"尽人事听天命"即可，这是一种选择，也是一种态度，更是一种智慧。一方面，我们要做那些自己该做的事情；另一方面，我们也不必为那些不可抗力因素劳心伤神。老子说"无为而为"，并不是让我们什么都不做，而是让你"退而观其局，静而守己心"。当你能够把整个局势看清，并且把所有规律摸透，做什么事都能够事半功倍，否则必定事倍功半。

另一种不自然和不安心来自追求完美，在我们的身边，就是有很多人热衷于标榜"完美主义"，并且不惜把自己搞得遍体鳞伤。对此我们应该清楚，所谓完美，必定会有一个标准的衡量尺度，我们追求完美的过程，实际上也是赢得别人认可的过程。而不同人的衡量尺度多少会存在差异，我们拼尽全力得来的完美，很可能在别人眼里漏洞百出，而我们觉得不完美的事情，在别人眼里又很可能已经臻于完美，如此完美又有什么意义呢？倒不如且行且珍惜，把自己该做的事情做好，留着那些不完美让自己慢慢追求。如果你总是急着赶往目的地，身边的风景就会被你忽略，而这些风景才是最值得珍惜和回味的。

所谓"水至清则无鱼，人至察则无徒"，很多事情经历过就好，凡事太较真，只会让你处处沾惹烦恼。郑板桥说"难得糊涂"，不是倡导糊里糊涂的人生，而是告诉我们在该糊涂的时候要糊涂，该清醒的时候才有必要清醒。当你觉得某人值得交往，可以做自己的真心朋友时，一定是因为他懂得接纳你的不足，如果你不懂得反过头来接纳对方的不足，那么你迟早会失去这个朋友。生活就是如此，很多事情你接纳了，才发现它并没有想象的那么不好。而很多事情你不愿接受，也并不意味着它不好，尝试接受不同的事物和规则，才能让你不断地改变自己，而每一次改变都将让你得到一个全新的人生。

总而言之，“命里有时终须有，命里无时莫强求”，只有凡事顺其自然，才能让自己的心逐渐沉淀下来。心的沉淀，能够带给你安定，也能够带给你明智，从而让你在宠辱得失间安然自若，然后便能够在平淡和简单中找寻到本真的快乐，从而感受到生命中的幸福。

## 2 学做聪明人，争气而不生气

习惯形成性格，性格决定命运。

——约·凯恩斯

著名作家夏衍自幼酷爱读书，尤其对历史最感兴趣，每次和朋友聚会，都会滔滔不觉地表述自己的观点。由于夏衍涉猎广泛且勤于思考，他的很多观点都颇有深度，朋友们也总是乐得听他阐述。

一次，夏衍像往常一样到图书馆查阅资料，忽然听到几个人正在谈乱历史话题，碰巧又是他正在研究的内容。听见几人谈得热火朝天，侍立良久的夏衍也忍不住插了几句嘴，在得到大家的认可后，他便开始大谈特谈起来。

然而，当时的夏衍并不知道，在座的几个人都是史学巨擘，他们对自己的认可只是出于礼貌。夏衍滔滔不绝地讲述，立即惹得其中某个人的反唇相讥，夏衍还想调动自己的史学知识与其辩驳，结果被对方“打”得落花流水。

这个时候，众人纷纷向他投来轻蔑的目光，其中几个年轻人更是笑出声来，并且对他品头论足。夏衍本想反唇相讥，但是话到嘴边却忍住了，因为他知道自己遇到了高人，再闹下去也只能是自取其辱。于是，他不但没有发作，还向众人道歉表明自己的唐突，然后匆匆离开。

当然，夏衍并没有就此作罢，而是开始更加努力地读书学习，以期积累其渊博的史学知识。后来，夏衍通过奋发图强，终成一代大家，那些曾经嘲讽过他的人，再见到他的时候也尽是客客气气，把他当成了敬重的对象。

试想，如果夏衍当时和几个史学巨擘进行一番激烈争论，最终难免会颜面扫地，他的史学兴趣也会因此大打折扣。这样一来，他日后的人生道路，很可能会因此而发生改变。但是他在关键时刻沉住了气，通过理智分析而做出了正确的选择，如此才有了后来的更加努力，以及最终的学业成就。所谓“知耻近乎勇”，我们在遇到一些不平的事情时，也要学习把悲愤转化为动力，然后用事实证明自己的卓越。要知道，激烈的对峙不会让我们从对方那里赢得尊重，只有在成绩上取得领先，才能让对方甘拜下风。

俗话说“人争一口气，佛争一炉香”，但争气绝不意味着意气用事，而是告诫我们要力争上游，用自己的实际行动赢得别人的认可和尊重。而且在此过程中，我们要确保对事不对人，不要把怒气随意发泄到别人身上，甚至为了争一时的高下而做出偏激行为。如果你被别人轻视，那么你一定要认清现实，即自己是否真的技不如人，如此你就能把注意力用在努力提高自身能力上，而不是如何发泄对方带给你的愤怒。你要记住，发脾气非但解决不了任何问题，还会让事情变得越来越糟。最明智的做法，就是暂且隐忍下来，化耻辱为动力，通过自己的努力超越对方，从而折服对方。

事实上，如果有人夸奖你，并没有什么值得高兴的，因为那对方的赞美之词不会带给你任何实际好处。同理，如果有人贬低你，也没有什么值得生气的，因为对方的冷嘲热讽也不会让你有任何实际损失。在此过程中，对方能够带给你的唯一影响，仅限于情绪层面。如果你能够把握好自己的情绪，那么无论别人对你做出怎样的评价，都不会影响你的情绪，同时也就不会影响你的行为。换句话说，我们与其用愤怒改变对方的想法，不如用行动改变对方的想法，因为后者往往更加有效，同时也更加合理。

由此我们可以得出结论，那些把时间和精力浪费在口舌之争上的人，无疑是愚蠢的。因为聪明人早已放下对方的非议，开始用实际行动改变自己的境遇，等到他们再次亮相时，全场都会为之惊艳。要知道，生气往往是失败者的表现，他们在内心当中已经承认了自己的失败，却不允许任何人挑明，否则就会情绪失控。而作为成功者，他们知道自己想要的是什么，同时也知道通过什么方法去获得成功，对于别人的非议，只会置之一笑，丝毫不会产生任何情绪波动，因为那非议在他们看来根本无足轻重。

拿破仑曾经带领法国军队横扫整个欧洲大陆，甚至深入俄国境内作战，最终因为过于自信而低估了俄国严酷的环境，以至于最终落败。欧洲贵族认为兵败后的拿破仑彻底完蛋了，因而对他大加奚落，并且将他流放到了一座孤岛上。如果化作一般人，一定会为自己的权力做最后抗争，但是拿破仑并没有这样做，他默默地接受了欧洲贵族们为他安排的一切。但是在流亡到孤岛上之后，他立即开始想办法逃出，并且再一次聚集大批军队和盟军作战。虽然最终失败，但是再也没有人敢轻视拿破仑，因为每个人都意识到他是一个随时可以集结大量军队的人。

面对别人的嘲讽和偏见，我们总是习惯于奋起反击，甚至不惜发生激烈冲突。应该说，这是一种维护自身尊严的反应，如果选择听之任之，很可能会让对方得寸进尺。但是我们也必须认清一个问题，如果我们总是靠着激烈冲突来维护自身尊严，那么问题就很有可能出在了自己身上。换句话说，如果我们是人群中最优秀的那个人，还会一直有人对我们进行嘲讽或者贬低吗？所以，当我们的尊严受到触犯时，当我们的能力受到质疑时，一定要认真审视自己的能力。如果确实有所欠缺，仅仅凭借维护是无法建立自己的尊严的，生气或者发怒也只能让你看起来更脆弱，唯有隐忍图强才是正道。

## 3 远离懊悔，从克制愤怒开始

狂暴的人总是从一个极端到另一个极端。

——托·富勒

两名探险者结伴穿越沙漠，由于地形过于复杂，他们不慎迷失了方向，而且当他们意识到这个问题的时候，已经大幅偏离了预定路线。两人当中一个脾气温和，遇事总能理智分析处理，另一个则脾气火爆，经常意气用事。

经过重新校正方位，他们发现自己已经深入沙漠腹地，未知的路虽然充满艰险，但是比原路返回却近得多。脾气温和的人主张原路返回，并且详细计算了食物和淡水的用量，这样至少可以保证性命无虞。但是脾气火爆的人却主张继续前进，而他的理由却非常简单，既然是探险，就绝不能让危险轻易吓阻。

经过商议，脾气温和的人最终选择了妥协。因为忽然记起，在沙漠的边缘地带，有一个小镇。只要能找到这座小镇，就能补充食物和淡水，然后轻松地走完余下的路程。很快，他们来到了这个小镇，可是让他们目瞪口呆的一幕出现了。由于连年沙化严重，这座小镇已经空无一人，而且已经披上了厚厚一层黄土，这意味着他们又陷入了未知的迷途中。

脾气火爆的人立即大发雷霆，他找不到出气对象，居然把自己仅剩的半瓶水摔在地上，淡水从瓶子里溢出来，很快就沉进了沙土里。接下来，二人又对何去何从产生了分歧，脾气温和的人主张去小镇不远的地方寻找地下河，以补充淡水，但脾气火爆的人却主张直接赶往几十公里外的县城。

这次，脾气温和的人不愿再妥协，于是二人分道扬镳。由于之前到过此地，脾气温和的人凭借自己仅有的半瓶水，找到了地下河。这不仅让他补足了淡水，还找到了一点充饥的野草，最终凭借惊人的毅力赶到了县城。不久之后，他收到消息，自己的同伴不幸死在了沙漠里。

任何一个人在陷入负面情绪后，都会做出一些失去理智的事情。他们可能凭借一时的莽撞获得过成功，但越是如此，他们就会犯下越严重的错误，以至于连基本的分析和判断能力都会失去。在案例中，那个脾气火爆的探险者有数次保住性命的机会，但是他的个性却让他一一舍弃了这些机会。试想，如果在一开始他就按原路返回，或者在接下来的时候没有扔掉那半瓶水，再或者跟着自己的伙伴去找那条地下河，哪怕拿着那半瓶水去县城，也还有一线生机。然而，他却任由自己的脾气发作，在关乎生命的选择面前一错再错，直到最终悲惨地葬身沙海。

在现实生活和工作中，我们都可能是那个脾气暴躁的探险者，随便遇到一点不顺心的事情，就会拿自己手里的东西撒气。轻则胡乱发脾气，摔东西，重则故意刁难自己至亲至爱的人，甚至做出一些自残和轻生的行为。这些行为如果得到及时的制止还好，一旦形成事实，只能给自己空留后悔。俗话说“世上没有卖后悔药的”，我们想要避免让自己后悔，首要一点就是让自己时刻保持理智，切忌因为一时愤怒失去对自己的控制，从而做出一些让自己后悔莫及的事情。

还有一种愤怒更容易“杀人”于无形，那就是当别人确实做了一些错事时，很多人都习惯于随意宣泄自己的愤怒。尤其当愤怒冲昏头脑后，理智状态下三言两语就能够解决的问题，却非要在失去理智后把事情闹大。比如道路上经常出现的变道和超车，任何一个不小心都可能导致剐蹭发生，既然是不小心而为之，说开讲和也就把问题解决了。可是有些司机却得理不饶人，他们仗着对方违规驾驶，下车之后首先发一通脾气。违规司机的脾气也不好惹，本来的一点歉意立即消散，结果车子没啥事，两人大打出手，最终都伤得不轻。

因此，我们想要度过平安的一生，就要学会包容不平之事，同时学会接纳不足之人。当你受到别人的伤害时，一定要弄清对方是故意还是无心，如果是无心的，很可能他此时已经意识到自己的错误。在这种情况下，你的一个宽容和谅解表态，会让对方好感顿生，甚至从此多了一个朋友。如果你总是想着睚眦必报，即使能够获得一时的痛快，也可能从此给自己找了一个仇人，说不定哪天就会因为对方而倒霉。退一步讲，对方已经伤害了你，如果你再让自己陷入愤怒，岂不是对自己进行二次伤害，这当然不是聪明人的做法。

心理学家曾经联合医学界开展一次研究调查，他们对1000名胃病患者进行跟踪记录，发现其中80%的人经常发怒。而他们之所以发怒，并不是因为所处环境的原因，而是因为他们个人的性格原因。因为调查记录显示，很多微不足道的小事，在平常人看来完全没有发脾气的道理，他们却能够为此大发雷霆。这个研究调查同时表明，经常发怒的人还会经常处于懊悔状态，他们经常对自己的错误直言不讳，并且发誓日后一定改正。可是当同样的事情发生时，他们还是会一往如故，尽管事情过去之后他们还是会后悔。

其实，每个人都会发脾气，适度地发脾气也能够帮助我们缓解心理压力。但是我们同样也应该谨记，很多问题不是靠发脾气能解决的，更多的时候需要我们进行冷静的分析和判断，如此才能让事情得到真正的解决。我们可以回想一下自己曾经做过的错事，或者看看那些身陷囹圄，甚至被送上断头台的人，有多少是因为一时怒火攻心，被负面情绪夺走了基本的理智，从而做出一失足成千古恨的糊涂事。因此，为了避免陷入懊悔不已的苦海中，我们首先要做的事情就是制怒，直到把自己修炼成一个“好好先生”。

# 4 如能改变自己，世界任你改变

好脾气是人生的一笔财富。

——威·赫兹里特

在我们的身边，总有一些人抱怨不停，他们几乎对身边的每个人和每件事都看不惯。换句话说，他们想要按照自己的想法改造整个世界，因而稍有不如意就大发感慨，动辄生气闷气，甚至咒天骂地。在生活中，他们抱怨朋友不能忠肝义胆，在工作中，他们抱怨领导不能慧眼识珠，好像全世界除了他们自己都存在问题。其实，但凡存在的事物都是有道理的，只不过我们未能理清其中的来龙去脉而已。因此，当你抱怨自己怀才不遇的时候，不如弄清老板的用人标准，然后全面提高自己的能力，争取早日得到老板的认可。

由此我们可以看出，当你认为别人存在问题，并且需要改变的时候，别人眼中的你同样如此。对此，你可以找到身边的朋友进行询问，看看自己身上有没有让他们看不惯的毛病需要改正。如果他们是你的真心朋友，一定会提出各种改正建议，其中很多也一定是他们已经多次提到过的。如果你不愿改变，甚至从来没有想过改变，那么你又如何能够让对方为了自己改变呢？所以，当你抱怨别人以及社会不接受自己的时候，首先应该想到的是改变自己，以适应别人以及社会的需求。

也许有些人会说，我不愿像某某人那样如何如何，因为他们的做法我根本就看不惯。对此，我们不妨正式质问自己一下，到底是不愿意去做那些事，还是你根本就没有信心去做那些事。如果你的答案是后者，那么就不要再拒绝自己的改变，因为这个世界不是任何人能改变的。事实上，每个人都有自己解决问题的办法，对方通过某种你看不惯的方法把问题解决，而你却无法通过自己看得惯的方法把问题解决，那就只能证明对方的生存能力比你强。如果你拒绝改变，实际上是在拒绝自身的发展和进步，如此的固步自封只能让你永远做一个失败者。

我国著名作家史铁生先生在青年时期有很多想法，他热爱生活，并且希望通过自己的努力为社会贡献力量。因为这些信仰，他每天生活得热情洋溢，即使在压力最大的插队期间，也保持着乐观向上的积极心态。

然而，天有不测风云，一场突如其来的疾病，夺走了他的双腿。当医生宣布，他日后的生活只能在轮椅上度过时，史铁生觉得世界末日降临了。在那段时间里，热情洋溢的他不见了，取而代之的是一个终日垂头丧气的病人。在最黑暗的日子里，他甚至想过结束自己的生命，这样至少能够避免拖累年老的母亲。

但母亲并没有轻易放弃，她对史铁生无微不至的照顾，用最纯真和朴实的母爱帮他走出了心情的低谷。史铁生挺过最艰难的阶段，心情也在一天天沉淀，终于有一天他的内心世界豁然开朗。失去双腿又怎么样？至少我还有双手可以用，这个世界上有多少人连双手都失去了，照样活得很精彩。既然事实已经无法改变，我又何苦纠结不放，只要改变自己不就可以了吗？

很快，史铁生拾起了自己童年时期的梦想——成为一个作家。理想既然设定，他的生命再次呈现出精彩，他每天不是孜孜不倦地读书看报，就是练习文学创作。经过日复一日的努力，史铁生终于在文学界拥有一席之地。

后来，命运多舛的史铁生还患上了糖尿病，再后来还恶化成为尿毒症。为了节省时间，史铁生每天坚持自己做透析，坚持完成了很多高质量的文学作品，在为我国文坛贡献力量的同时，也谱写了令人敬佩的生命赞歌。

应该说，世界上没有绝对公平的事情，我们的命运同样如此。在不公的命运面前，我们是选择坦然接受，然后努力去适应，还是纠结不已，自乱心神，显然会使自己走向截然不同的人生方向。所以，命运和生活虽然是不公平的，但是我们除了去适应它，再没有更好的应对办法。而当你能够真正地适应命运，就会发现并没有自己想象的那么难，相反还会觉得如鱼得水，自得其乐。何况，只会抱怨的人永远都是弱者，勇于改变和创新的人才能够永远立于不败之地。

众所周知，这个世界是由若干个规律组成的，小的事情有小的规律，大的事情又有大的规律。如果我们想要做到取舍自如，那么了解自己所涉及的事物规律是在所难免的，即便那规则是你所不认可的，也要勉为其难地去遵循。在此我们要清楚，每个人都在寻找并建立自己的安全感和利益链，你眼前所见到的规律，包含了太多人的安全感和利益链。如果你想改变世界，实际上是要改变各种各样的规律，确切地说就是要侵犯很多人的安全感和利益链，这是任何个人都不可能做到的事情。因此，你只有改变自己，从而融入众人当中，才有可能找到自己的立足之地。

在此基础上，我们还应该把目光放得长远一些，把胸襟放得宽广一些。当你把整个天下装进自己的心中，那么一城一池的得失也就完全掌握自己手中了。这样的改变无法在一朝一夕之间完成，但是我们必须拥有这样的意识，并且知道自己应该朝着哪个方向发展，同时去掉那些与此相悖的想法和行为。如此一来，你的改变实际上就等于是在成长，而一个处于不断成长状态的人，迟早有一天能够获得成功。

## 5 锱铢必较，只会让你变得浅薄

> 不会宽容别人的人，是不配受到别人宽容的。
>
> ——屠格涅夫

老和尚带着小和尚外出云游，在一座大山里被一条河流阻住去路，师徒二人只得溯流而上，希望能够找到过河的方法。走了很久，终于找到一户人家，主人告诉他们，继续往上流走一个时辰，那里水流比较缓，河水也比较浅，可以徒涉过河。

很快，老和尚和小和尚来到过河的地点，恰好碰到一位美丽的少女。少女也要过河，但是她衣带整齐，鞋袜干净，不愿徒涉过河。老和尚问明之后，便要背她过河，少女虽然有些害羞，但是没有更好的办法。最终，老和尚背起美貌少女，让小和尚拉着他的衣角，一行三人缓缓过河。

到了对岸以后，老和尚放下美貌少女，便带着小和尚继续赶路，连少女感谢的话语都没有来得及答复。在接下来的路途中，一向话语连篇的小和尚忽然沉默了，看上去心事重重，似乎有什么话想说，有碍于什么原因不好说出口。

当晚星夜露宿，小和尚翻来覆去睡不着觉，老和尚终于开口说："有什么话，但说无妨，何苦憋在心中难受。"

小和尚这才开口说："师父，佛陀告诉我们不近女色，世人也说男女授受不亲，您为什么要背一个女孩过河呢？"

老和尚说："我心中住着如来，万物皆空，少女与老妪有何区别？佛祖度世人到苦海彼岸，我度少女到河流彼岸，这难道不是功德一件吗？反倒是你，心中被一个少女装满，思考什么事都想着她，连想起佛祖的教诲都不例外，反倒是显得过于拘泥小节了。"

小和尚开悟，原来美貌女子和世间万物并无二致，不同的地方只在自己心里。

我们常说，"成大事者不拘小节"，这不仅是一个心态问题，同时也是一个境界问题。如果你的目光总是盯着那些小事不放，那么全局的高度和广度将会无从谈起，你最终的成就也将被桎梏在有限的范围内。当然，任何一个锱铢必较的人，都很容易因为小事而发生情绪波动，甚至失去理智，做出一些偏激行为。就在我们身边，很多人之间之所以产生矛盾，甚至大打出手，起因很可能都是一些鸡毛蒜皮的小事。而当我们仔细审视这些人，就会发现他们多是生活中的失败者，目光短浅的生活习性已经把他们的命运定格在了蝇营狗苟的勾当之中。

人际交往过程中，锱铢必较的人都会走向苛刻极端，任何一点小小的矛盾都会被他们拿来大做文章。认死理、好抬杠、爱钻牛角尖等不良习性都是他们的个性标签，因而没有人愿意把他们当成朋友。相反，我们再看看那些"大肚能容"的人，他们从来不在小事上纠缠不清，只要不是涉及原则的事情，从来都是得过且过。这类人看上去憨厚可欺，实际上深具为人处世的大智慧，因为他们懂得在平时积累人情和人脉，等到自己需要帮助的时候，伸出援手的人往往比比皆是。

相信很多朋友都知道“将相和”的故事，赵国大将廉颇自视功高，一再为难资历较浅的蔺相如。但蔺相如却以大局为重，处处避让廉颇的锋芒，让他占尽威风。后来廉颇知道蔺相如的良苦用心，意识到自己的浅薄无知，主动上门负荆请罪，从而谱写了一段将相之间的千古美谈。我们在与人交往的时候也要如此，凡事都要从大局着眼，不要总想着争一时的是非与高下。为什么有些能够在仕途当中步步高升，有些人却只能停留在原地自哀自怜，说到底就是各自的眼光高度不同，从而做出的举动也不同，而这些都将被领导看在眼里。

成吉思汗从小立志高远，他每天想着振兴蒙古，带领大军横扫天下，忍受着父死母亡和妻子被掳的巨大悲痛，最终建立了当时世界上最庞大的帝国，而这个时候，那些曾经欺辱过他的人，也都已经心悦诚服地拜倒在了他的脚下。中国有句古话，叫做“君子报仇，十年不晚”，就是在告诉我们，不要把目光死死地盯在仇恨上，那会使你的心胸变狭隘，同时也会让你的抱负变短浅，当然也会让你的人生高度大打折扣。也许曾经让你咬牙切齿的仇恨，到了十年之后已经被你遗忘，曾经那些幼稚之极的想法，连自己都会觉得可笑。

在世为人，就是要懂得释怀，不能什么事什么人都放在心上。我们的精力说少不少，说多却也不多，当你在一件事上花费的心思太多，势必没有精力去思考其他的事情。而且越是琐屑的小事，就越容易消耗你的精力，而大事的完成反而能够提振你的士气，同时增加你的信心。古往今来，多少仁人志士曾经辉煌一时，却被点点滴滴的平凡生活磨去棱角，结果只能在回忆往昔峥嵘的悲哀中，苦闷地结束自己的一生。因此，如果你想要成就一番事业，哪怕是想要挣脱当前碌碌无为的生活，就把目光放得长远一些吧。我们要时刻谨记，细节必须关注，小节则一定不拘。

## 6 拥抱快乐，先从自己开始

> 生气，是拿别人的错误惩罚自己。
>
> ——伊曼努尔·康德

我们每个人都在追求生活的意义，其实说到底，就是在追求幸福和快乐。因此，不管出于什么原因，只要你感到不快乐，眼下的事情就应该被你摒弃，至少也要有所改变。很多人之所以长时间生活在痛苦之中，就是因为他们总是纠结某事放不下，或者明知道眼前的事情不可更改，却仍然祈盼奇迹的出现。事实上，奇迹也许会出现，但它永远是别人眼中的奇迹，在创造奇迹的人看来，自己只不过在做自己可控范围内的事。换句话说，只有自己可把握的快乐才是真正的快乐，如果自己无法把握，不如及早放手的好。

拥抱快乐，总体需要从内因和外因两方面进行把握。

一方面，我们必须培养自己拥有一颗明亮的心，要知道什么事情是正面的，以及什么事情是负面的。然后积极吸收正能量，同时全力排除负能量，从而保障自己的心能够如向日葵一般，积极主动地去接触那些阳光事物。如果你总是接触那些阴暗的事情，内心自然会逐步走向消极，这样即便你身处积极的环境当中，也会成为那个最消极的人。退一步讲，哪怕你身处逆境，也要向那些阳光开朗的人学习，毕竟我们身边总会有和自己境遇相同的人，哪怕有一个人是快乐的，我们也没有理由不快乐。要知道，即便是阳光照射最强的地方，背后也会有阴影，这是万物的本质，绝不应该成为阻碍我们开心的原因。

另一方面，我们对生活和工作环境的选择，也是确保自己开心的重要因素。任何一家企业都会形成自己的文化，至少也会形成自己的氛围，这一点有时候甚至会和行业存在关联。因此，当你选择自己将要从事的行业之前，以及具体选择哪家公司之前，最好的做法是对其文化氛围有所了解，然后结合自己的性格进行选择。至于家庭的氛围，我们就只有靠自己努力营造了，至少不要把负面的情绪带回家。古代贤者修行，多要寻找一处僻静之地，并不是他们的内心不静，而是要让外部环境和内心环境形成一个良性循环，以促进自己更好地修行。

两名抗战老兵在退役多年后相约见面，彼此都被对方的容貌吓了一跳。其中一人容光焕发，74岁了还没变，而另一人则神情枯槁，面皮褶皱，俨然已经到了垂暮之年。

容光焕发者说："你怎么老成这样了？如果不仔细看，我都不敢相信是你，当年那个飒爽英姿的好战友去哪了？"

神情枯槁者说："可你还是当年的你，我一眼就认出来，难不成你有什么驻颜秘方。"

通过聊天，二人很快找出了容颜差异的原因，那就是他们一个人常年生活在快乐之中，而另外一个人则常年生活在痛苦之中。容光焕发者当年退役之后进入一家工厂，每天兢兢业业地工作，勤勤恳恳地生活，很快娶妻生子，如今已是儿孙绕膝。

神情枯槁者则始终怀念军旅生涯，退役之后他并不甘心，四处奔走想要回到军队。结果把分配到的工作渐渐荒废了，军队领导也只好给他安排了一个闲职，此后便再也不理会他的要求了。由于不上不下的身份和工作，他很晚才结婚，又因为夫妻关系不和谐，离婚后一个人把孩子拉扯大。

可惜父子关系也不好，儿子成年之后去边区当兵，为了躲避他居然落户在了那里。见面时，他已经是74岁的高龄，身边却空无一人，每天都在无尽的痛苦之中唉声叹气。这次与老战友见面，是他几十年来最高兴的一件事，也难怪他回到家后，邻居都说他年轻了好几岁。

有记者曾经问过影视明星刘晓庆女士有何驻颜秘术，刘晓庆不加思索地告诉记者，任何外在的方法都是难以长期奏效的，只有由内而外的微笑，才能让你永葆青春。科学研究结果表明，我们在微笑的时候会牵动43块面部肌肉，一次微笑带给面部的运动量，相当于板着脸急行军45分钟。所谓生命在于运动，一次发自内心的微笑，能够带给我们无尽的活力因子，我们又有什么理由拒绝快乐呢？与此同时，痛苦则会产生各种毒素，不仅会腐蚀我们的容颜，也会加速吞噬我们的生命。

一个人是否能够拥有健康快乐的生活，人生境遇固然重要，但内心的修为才是起关键性作用的，并且外部环境越是困难，内心修为的作用越是重要。在你的身边，也许存在一万个不快乐的理由，但是总归能够找出一个快乐的理由，那么你就需要牢牢抓住这个快乐的理由，直到把其他所有不快乐的理由清扫出自己的世界。如果你的生长环境比较消极，向你的性格当中注入了太多的负面因素，快乐性格的建立可能需要一个长期的过程。但是即便如此，只要你能够坚持下来，快乐的阳光还是会一点点照进你的心房。

事实上，我们每个人都有自己的快乐，哪怕你正处于贫穷、苦难、病痛或失败的糟糕境遇中。既然如此，就请你抓住属于自己的那份快乐，然后尽量把它“发扬光大”，以便快乐能够一点点延展至你的整个世界。当然，任何一份快乐都要健康合理，很多不良嗜好虽然能够带给你一时的快乐，但是从长远角度来看，却无异于饮鸩止渴。相信只要你抱定必须快乐的决心，并且敞开自己的心扉，迟早能够拥抱快乐，让点点滴滴的快乐撒满世界的同时，也让自己的生活变得多姿多彩。

## 7 接纳不幸，坏脾气成无根之草

> 不幸——人生的试金石。
>
> ——弗莱彻

我们活在这个世上，每个人都在追求幸福，但并不是每个人都能得到幸福，有些人甚至越追求越是得不到幸福。为什么会出现这种情况呢？也许我们应该扪心自问，在追求幸福的过程中有没有逃避什么，惧怕什么，或者抗拒什么，比如生活中的某些不幸。如果答案是肯定的，那么就需要你正视自己的不幸，然后接纳它，直到将其解决。毕竟，人生不如意者十之八九，逃避可以解决一时的问题，实际上却只是把问题延后了，这样只能让将来遇到的压力和阻力更加巨大。



因此，我们必须懂得放下自己的恐惧，学会接纳各种不幸，唯有如此才能坦然面对生活中的各种挑战，并且成为生活中的佼佼者，从而让自己活得轻松自在。要知道，既然是发生了的事情，对于我们来说就是事实，而只要是事实我们就只有接受，然后才能进行下一步应对。如果你总是习惯性地抗拒它，回避它，或者怨天尤人，你的不幸将越来越多，直到将你的人生彻底压垮。事实上，我们只有把一件事情彻底地解决掉，才能真正地放下它，而解决问题的前提则必然是接纳它。

现实生活和工作中，你也许总是问自己这样的问题：这是为什么？怎么会发生这种事情？为什么每件事都不能顺心如意？凭什么别人都那么幸运？为什么我总是最倒霉的那个人？事实上，当你这样思考问题的时候，就已经把自己置于一个受害者的地位，从内心当中你就是有怨气的，因而对于眼前的一切都非常排斥，当然也根本无法接受。在这种情况下，如果能有三两好友对你说几句知心话，一定会让你很感动，同时在他们的鼓励下，你也能够重新振作起来。但是在太多的时候，我们能够依靠的只有自己，朋友不可能永远陪在身边帮助你，也许有朝一日他们还会需要你的帮助，因而你必须学着接纳眼前的事实，直到有一天能够将其战胜。

在芝加哥，有一个非常幸福的三口之家，夫妻二人非常恩爱，他们三岁半的儿子也很可爱。每每提到这家人，朋友或者邻居无比羡慕，每个人都非常愿意和他们亲近。因为在大家看来，他们就是幸福的代言人，与他们接近就是和幸福接近。

可惜，没有任何征兆的，丈夫在一次外出购物的途中发生车祸，不幸身亡。消息传来，年轻的妻子如遭雷击，正在烧菜的她浇熄了煤火，险些酿成大祸。当亲人和朋友匆匆赶到的时候，死活也敲不开她的门，直到消防警察赶来把门撞开，大家才见到了满地狼藉中失魂落魄的她。

此时，这位年轻妻子的口中只是反复念着三个字——不可能。为了防止她情绪崩溃，家人甚至不敢让她去认尸，但她还是疯了一样地去了。结果，她在停尸房当场昏厥，送医之后情绪还是崩溃的，因为她无论如何也接受不了失去丈夫的事实。

当天晚上，年轻的妻子找到医生开了点安眠药，并且连续数日如此。父母担心她想不开，每次都盯着她把药吃下去才离开，但是父母的担心并不多余，因为在他们走后，她还会把药吐出来。这样连续一段时间之后，她积攒的安眠药终于可以致死，于是便打算和这个世界说再见了。

此时，她在世间唯一的牵挂就是儿子，因而在结束生命之前她还想看儿子一眼。父母听说她要见儿子，以为她的情绪有所好转，欢天喜地地把孩子送到医院。就在她看到儿子的一刹那，忽然觉得自己还有一件最重要的事情没有完成，那就是把儿子抚养成人。看到儿子可爱的面庞，她那颗支离破碎的心立即开始愈合，当天晚上她就把安眠药偷偷地倒进了马桶。

接下来的日子里，儿子带给了她很多欢乐和安慰。在亲子中心，她还结识了很多单身妈妈，她们都没有或者失去了丈夫，但是都和孩子生活得很好，有些单身妈妈还抚养了很多孤儿。渐渐地，年轻妻子和大家融为一体，重新变回了以前的幸福模样。



不管发生了什么事，生活都将继续，我们拒绝接收眼前的事实，不过是在为难自己。相反，如果我们能够坦然地接受它，虽然一时可能会经历撕心裂肺的疼痛，但是“长痛不如短痛”，我们与其躲在阴暗的角落里独自舔舐伤口，不如把伤口暴露在阳光下“杀毒”，这样才能够让自己变成一个勇敢的人。其实，只要我们静下心来思考，这个世界上有什么事情不能够放下呢？我们生下来的时候都是赤裸裸的一个身躯，离开人世的时候同样如此，在这两者之间即使经历天大的落差，也丝毫改变不了这一事实。既然如此，我们何不在人世间潇洒走一回，至少不要给自己留下太多的遗憾。

接下来，我们来了解一些应对不幸的方法，参考内容为：

（1）你的忧伤与他人无关。很多人都会有这样一个思想误区，好像只要你受了委屈，全世界都欠了自己的，全世界的人都应该来安慰你或者帮助你。事实上，每个人都有自己要忙的事，如果能够安慰你或者帮助你，那只不过是一场情分而已，如果人家不来安慰或者帮助你，也完全是在情理之内的事情。如果你傻到用自残的方式乞求别人可怜，可能一次两次还能奏效，久而久之只能惹人反感，遭人抛弃。

（2）学会和自己对话。更多的时候，我们并不是无法理解身边的人和事，只是一时被眼前的事情蒙蔽了双眼。这个时候，如果你能够冷静下来和自己交谈（实际上是反思自己的思维和行为），往往能够让自己审视事物的目光变得客观，从而使自己接受眼前的事实。这个时候我们要告诉自己，不要把是非对错看得太重，这些所谓的原则和你爱的人以及爱你的人比起来，实在显得微不足道。

（3）关注自己的身体。如果你没有定期检查身体的习惯，最好从这一刻开始养成，千万不要觉得年轻就可以对伤病肆无忌惮。即使是在日常生活当中，一旦身体的某个部位感到不舒服，也绝不能置之不理，至少你也要知道问题出在哪里，并且确保下次能够避免。要知道，很多人之所以患上不治之症，并不是因为不可避免的原因，而正是因为他们没有把平常的小毛病当回事，等到小毛病积攒到一定程度，后悔不及。

（4）和痛苦和平相处。古语有训：“人非圣贤，孰能无过。”既然如此，我们每个人都难免犯下一些错误，而只要是错误，或多或少都会带给我们痛苦。如此分析下来，所谓痛苦也是无法避免的，因而同样需要我们坦然接受。可能你曾经做过一件让自己懊悔至极的事情，但是那毕竟已成过去，未来还有大把的时间等着你，始终纠结于过去，不如更好地面对未来。

总而言之，对于眼前的不幸，我们越是逃避，痛苦就会持续得越久远，唯一的正确做法就是直接面对。如此在一件事或者两件事之间，你可能会感到无所始终，可是当你的经历足够丰富，你的心态就会足够坦然，所谓的不幸也很难再侵蚀你快乐的心。

## 8 注重结果、忽略过程，坏脾气钻空子

每一次克制自己，就意味着比以前更强大了。

——高尔基

什么事情都要有个结果，社会也只承认结果，因而大多数人的目光都只是在盯着结果看，最后不仅忽略了过程，也丢掉了结果，因为他们根本就不懂得获取成功的原因。真正懂得此二者关系的人，会用一个顺其自然的过程，来保障成功的结果，同时也会用一个成功的结果来指引和鞭策整个过程。如果我们把结果看成一个孤立的环节，就会把至关重要的过程忽略掉，结果也一定会差强人意。因此，过程和结果是一个有机的整体，过程不完善就得不到好的结果，结果不正确也不会有好的过程，只有二者同时步入正轨，才能形成一个良性循环，让你在享受过程的同时，得到一个理想的结果。

与此同时，所谓的结果，只是下一次努力的开始，只要你的人生不结束，努力就将永远是生活的主旋律。既然如此，你又非要急急忙忙地奔向哪里呢？对于我们每个人来说，一生当中真真正正地做好一件事已属不易，可就算你只想做好一件事，也会不断有新的结果在后面等着你。小考后面有中考，中考后面有高考，高考过后

有毕业论文答辩，毕业论文答辩之后还有就业和娶妻生子，等你有了自己的孩子，新一轮的奋斗又要开始了。如果你只是盯着一个个的结果看，就会连回忆都没有，如童年的快乐无忧，少年的轻快如风，大学的壮志凌云，以及生活中点点滴滴的美好。

有的时候，结果也是一种改变，而且不仅是知识和经验的改变，同时也是人生境界的改变。而这样的改变，需要你用心体悟整个过程，无论是痛苦的和欢快的，还是得意的和失意的。有句话是这样说的，“往往是过去弄成了你现在的样子”，如果把过去看做过程，那么你的现在无疑就是结果，就算你想忘却过程，又怎么可能？因此，认认真真地过好每一分每一秒吧，如果和漫长的过程比起来，结果所占的时间实在微不足道，我们实在没有理由将大把的时光拿来浪费。到时候你也许会发现，哪怕是一朵花开和一缕清风，也能够带给你比成功的结果更加明快的喜悦。

诸葛亮是我国三国时期举足轻重的政治家，由于小说《三国演义》的力捧，如今更是成为家喻户晓的历史名人。在大多的人眼中，这是一个无比光鲜的人物，他未出山时知晓天下大势，后来归附刘备，更是创造了割据一方的政权。

然而，如果我们仔细审视诸葛亮的一生，就会发现这是一个并不得志的人。为什么？因为他的人生目标是“恢复汉室”，或者说他想一统天下，成为名副其实的帝国宰相。为了实现这个目标，他鞍前马后地追随刘备，终于得以建立起一代霸业。

刘备败亡之后，诸葛亮成为蜀汉的实际主宰者，可谓呼风唤雨无所不能。但是为了得到一个结果，他还是举全国之力，先南后北，试图成就霸业。后来，接连不断的失败，让他清楚地认识到了一个问题，即蜀汉国运已尽，曹魏和正在崛起的司马家，才是将来能够顺承天命造就帝业的势力。

既然如此，诸葛亮还是明知不可为而为之，他修复与东吴的联盟之后，接连不断地向曹魏用兵，结果一次又一次被打回来。繁重的工作和沉重的压力不仅耗尽了诸葛亮的精神意志，也让他的身体渐现不支，以至于在苦苦追求胜利的路上不幸早亡。

应该说，以诸葛亮的聪明才智，不可能看不出当时的天下大势，要知道他可是一个未出茅庐便已定天下三分的不世奇才。可是，当他纠结于“恢复汉室”的结果时，他的聪明才智瞬间消失为零，以至于让他总是相信奇迹的出现。尤其是在蜀汉大权尽握的情况下，他始终相信通过一己之力能够逆历史潮流而动，直到最终实现自己的预期结果。为了这一结果，诸葛亮没有顾及后主刘禅的感受，以至于后蜀政权内部多次擦枪走火。同时也没有顾及连年用兵对百姓造成的疾苦，尤其是他治下的后蜀百姓，几乎全都成了他“恢复汉室”的牺牲品。

正常来讲，一个人的成长和成熟都是在过程中完成的。所谓的结果，只不过是事情发展到一定阶段标志，我们只有在过程中得到了磨练，才能在结果时足够清醒。所有的努力和挫折，所有的坚持和胜利，都将一一融入你的血液当中，最终让你在结果上能够淡定如水，笑看风云。历史上很多军事家承曾经感慨，虽然建立了无数功勋，但是却也让很多白发苍苍的老母亲失去了儿子，让无数翘首以待的年轻女子失去了丈夫。而这个时候，由于大多数人看到的只是他们的光辉结果，早已忘记了这些伤痛和教训。

哪怕是在日常生活中，过程也往往比结果更重要，同时也更值得我们珍惜。比如你吃到一道美味的食物，只需静下心来细细体味它的鲜美即可，如果你非要纠结于它是什么食材做的，谁做的，怎么做的，甚至连味道都会打折扣。也许你认为研究美食也是一种乐趣，但是如果你不是一名厨师，大可让自己停留在享用美食的阶段。因为在你花费大量时间和资金研究美食的时候，别人已经甜美地享用了无数美食，他们品味美食、探讨美食和评价美食的能力也在悄悄地超越你。

相信很多人都会痴迷于流星的美丽，因为它足够美丽，同时又极为短暂。就是因为这样一个短暂的过程，很多人都会把自己一生最美好的愿望寄托给它。可是你知道吗？流星通常都要从很遥远的地方来，遥远到需要上万亿光年，除了那些碎屑会消失在大气层里之外，流星还会在宇宙间进行更加漫长的飞行。再比如，我们看一场球赛，如果你只需一个结果，为什么还要花钱买票，在拥挤的人群里声嘶力竭地呐喊？因为你享受的显然是比赛的过程。

所以，我们只需把结果留给别人，过程一定要留给自己。给不给别人无所谓，但是需要留给自己的一定要牢牢抓在手里，唯有如此才能不负结果，不枉此生。

# 9 做好选择与放弃，人生没有坏脾气

失败也是我需要的，它和成功对我一样有价值。

——爱迪生

禅师为两名弟子讲经，说到选择的智慧，两名弟子听也不解，思也不解，只好请禅师做进一步说明。

禅师起身，推开房门说：“你们现在下山去，沿着羊肠小路一直到山脚，然后折回来，看谁选择的花最好看。要求是只能选一朵，且只能在下山的时候选择，回来的时候什么都不要做。”

弟子听完之后便要下山，禅师说：“不要急，一个一个来，不要忘记我说的要求。”

大弟子首先下山，很久都没有回来，禅师知道，他一定已经走到了山下。果然，等到大弟子回来的时候，天色已经擦黑，而他手里拿着的那朵花，只能算得姿色平平。

禅师问：“你是怎么选到这朵花的？”

大弟子说：“我一路走，发现了很多堪称惊艳的花朵，但是却总想着前面的路还很长，一定会有更漂亮的花朵等着我。于是，我错过了一朵又一朵真正漂亮的花，直到路的尽头不知不觉出现，我只能在剩下的一段路上选了最美的，但是它和前面那几朵漂亮的花相比，真是差远了。”

禅师不置可否，接着让二弟子下山，同时又嘱咐了一遍要求。

二弟子也用了很长时间，而且在他回来之后，手里却也捧着一朵非常平常的花。

禅师问：“你是怎么选到这朵花的？”二弟子说：“我听师兄说他的选择经历，作为参考，我看到第一朵格外美丽的花之后，就想把它折下来。不过，我也听他说后面还有很多更漂亮的花，所以就想见识一下，可是一路走下来，我也在不知不觉间到了路的尽头，结果也只能选择一朵平常的花朵。”

禅师说：“如果让你们去山后的小路上再选一次，你们会怎么选？”

两位弟子异口同声地说：“看到第一朵漂亮的花就折下来。”

禅师说：“之后的路上有那么多更漂亮的花，都放弃吗？”

两弟子说：“是的。”

禅师说：“这就是选择。”

两弟子一番思忖，终于渐渐开悟。

禅师的做法可谓智慧至极，小和尚选花，就如同我们面对人生中的各种选择。他之所以不让小和尚在回来的路上选，是因为我们的人生不可逆，哪怕想要回到上一秒钟也不行。因此，如果我们像小和尚那样，总是惦记着将来那些更好的花，只能一直惦记下去，直到最后空留遗憾。为什么很多人都会如此呢？其实恰恰是因为他们不懂放弃，不懂得把握眼下已经到手的幸福，结果一次又一次错失幸福良机。在此我们也可以得出结论，所谓选择和放弃，实际上是一对相辅相成的有机整体，二者缺一不可。

选择的痛苦就在于此，不管你做何努力，总会有不尽人意的地方。既然如此，我们与其纠结于那些不尽人意的地方，不如关注那些成功和幸福的环节，放弃那些差强人意的地方。缺憾有时候也是一种美，它可以让我们一直拥有前进的目标，而不是在尽善尽美之后无事可做。因此，既然选择了就不要后悔，只有拿出“愿赌服输”的勇气，才能在下一次选择的时候有所精进，而不是仍旧优柔寡断。毕竟，这个世界上并不存在最大的幸福，而只有最适合我们的幸福，这就要求我们适当地做出一些放弃。

应该说，任何问题都能找到解决的办法，因而问题本身并不会给我们带来困扰，真正让我们感到困扰的，只是我们思考和看待问题的态度，或者说我们究竟要做出哪种选择。一位母亲有两个儿子，大儿子做热饮生意，二儿子做冷饮生意。因而她总是在夏天的时候担心大儿子生意冷清，又在冬天的时候担心二儿子生意难做。两个儿子知道她的困扰之后，一起来劝她，应该换一个角度思考问题，即冬天的时候大儿子生意火爆，而到了夏天二儿子又会生意兴隆。母亲听完之后，想想确实如此，从此变得开心幸福起来。

有的时候，人生就好像是一台大戏，我们既是一名演员，更是一位导演。因此，我们必须用足够长远和宽广的眼光看待问题，如此才能在选择的时候懂得放弃，同时在放弃的时候明确自己的选择。如此一来，我们就能够让自己的心湖渐渐归于平静，即使面临生死存亡的重要选择，也能够在谈笑间自如地完成。相反，如果你总是纠结于一城一池的得失，就会逐渐失去睿智的目光和冷静的心智，结果必定会在选择面前顾此失彼，无所适从。

学会选择，当然还要求我们懂得审时度势，同样的一种应对方法，在一种情况下百试不爽，在另外一种情况下却很可能完全不适用。这就要求我们适时改变自己的思路，在该选择的时候果断选择，在该放弃的时候也要果断放弃。这是一种顾全大局利益和长远利益的睿智，也是一种看得明白且活得洒脱的人生境界，因为你知道此时的放弃是为了将来获得更大利益。因此，当别人还徘徊在十字路口不知何去何从时，你却已经看破人生的迷宫，走出了一条宽阔的大路。

总而言之，虽然“学会选择，懂得放弃”会有一点苦楚，但我们付出这样的代价是值得的，因为我们将会收获更多的快乐和幸福。读懂放弃，能够让你背上的包袱越来越轻；学会选择，能够让你的包袱装入更新更有意义的东西，直到你真正养成“在选择中放弃，又在放弃中选择”的习惯。

## Part 3

# 站在高处看得远，坏脾气是磨刀石

有时候，你可能会觉得命运不公，或者觉得自己的付出和回报不成比例。但是对于这些你只能默然接受，因为那就是事实，不接受只能让你的情绪走向负面，于事实没有任何积极作用。相比之下，我们不如相信，因果是存在的，命运也是公平的，如此才能坦然地面对过去，并且找到一个面对未来的积极心态。比如一时的困境和磨难，都是生活中的一部分，它能够带给你的成长财富，显然要比那些顺境更多。如果你能够去了解一下那些成功人士的奋斗历程，就会发现他们经历的磨难比谁都多，而不同之处只是在于他们把磨难当成了向上攀爬的阶梯。那么你可以站在这些成功者的肩膀上，将坏脾气当作磨刀石，让人生精彩无限。

## 1 唯有放弃，才是真正的失败

要从容地着手去做一件事，但一旦开始，就要坚持到底。

——比阿斯

一个真正强大的人，首先一定是内心世界的无比强大，他们坚信自己能够做到任何想做的事情，哪怕失败也只是暂时的，是能够为自己走向成功提供养分的。如果你有了这样的心境，哪怕遭遇再强大的敌人，或者面临再糟糕的困境，内心当中向往成功和胜利的火种也会熊熊燃烧，它将会为你提供光明和能量，直到你拥抱成功那一刻的到来。因此，真正的失败者往往不是被别人打败，而恰恰是败给了自己；真正的困境也不是外界强加给你的，而是你内心世界的畏首畏尾；真正的遗憾也不是未获成功，而是你连争取成功的勇气都没有。

太多的时候，如何判断一个人的能力，并不在于他取得了多大的成功，而在于他能够承受多大的失败。原因很简单，成功只需要一次就够了，而失败往往需要无数次。如果你能够承受无数次的失败，那么成功迟早将会被你收入囊中，同时你的内心当中的正确想法也正是如此。而如果你的目光过于偏重成功，甚至你的眼中只有成功，那么当失败不幸降临你的世界时，对你形成的打击很可能将是毁灭性的。因为它不仅会掠去你的物质财富，还会掠去你的精神财富，从而让你的心理防线顷刻间土崩瓦解。

太平洋战争期间，日本人为了免去自己的后顾之忧，放心大胆地经营太平洋，首先决定赶走驻扎在菲律宾的美国军队。美国驻军首领乃是后来大名鼎鼎的麦克阿瑟，只是当时的他面临极大困境，日军蜂拥而至时，他的手上只有2000名士兵，即使有着强大的武器优势，但也只有被动挨打的份儿。

罗斯福总统出于事实考虑，让麦克阿瑟见机行事，实际上就是委婉地告诉他，可以在危急时刻选择撤退。而麦克阿瑟显然并不这样想，他不但积极加强防御工事，还把全家人都接到了基地里，以表明自己坚守基地的决心。

可惜的是，摆在麦克阿瑟面前的事实丝毫不容乐观。美军基地实际上只是起到一种前哨战的作用，日本既然已经做好了和美国开战的准备，一个区区岗哨怎么可能抵御他们的强大进攻。为此，罗斯福总统一边对麦克阿瑟的勇气予以嘉奖，一边发布明确的命令让他撤离基地。

接到命令的那一刻，麦克阿瑟鲜有地动了情，他是真心不愿带着耻辱离开菲律宾。但是服从命令是军人的天职，麦克阿瑟作为一名资深的职业军人，不会在这一点上犯错误。不过他虽然遵守了撤离的命令，却在这道命令上打了折扣，那就是撤到澳大利亚继续组织力量打击日本人。

1944年，当麦克阿瑟带着当年的耻辱和誓言回到菲律宾时，重新拥有了战场优势的他，以摧枯拉朽之势横扫菲律宾的日本军队。事后，麦克阿瑟曾经在自己的回忆录中提到：“在我的心里，菲律宾从来没有丢失过，最多只是让可恶的日本人在上面寄居一段时间。只要时机允许，我随时可以回到那里，就像回自己家的后花园一样。”

在战场上，就算是主动发起进攻的一方，也不可能永远处于优势地位。那么，当某方陷入困境时，能够支撑他们的就只剩下信念。这个时候，弱势一方抱着勇往直前的决心，才能在敌阵当中冲出一条血路。如果不能如此，等待着他们的将不仅是失败，还有可能被敌人歼灭，因而很多军队都是在陷入绝境之后，才表现出强大的生存和战斗能力。对于我们来讲，也许不会被逼到绝路上，但这绝不能成为我们逃避和畏缩的理由，因为在成功和失败的抉择问题上，永远没有中间选择。

因此，当不幸和困境降临之后，你最应该做的事情不是祈祷它快点过去，而是提醒自己不要退缩。俗话说：“面对困难，问题解决一半；逃避困难，问题增加一倍。”当你真正决定去做某事，从内心当中准备放手一搏的时候，整件事最艰难的时刻就已经过去。为了形成这样的强大心态，你必须时刻告诫自己，每一次失败都将让你得到更多的经验，直到你失败的经验足以确保成功。因此，失败就像是一块块垫脚石，你失败的次数越多，垫脚石的数量就越多，能够为你堆积的高度也就越高，当然使你成功的机会也就越大。

应该说，每个人一生的命运都处在不断的起伏当中，我们要处理好得意时的境遇，同时更要处理好低谷时的境遇。如果你不幸处在低谷中，应该这样告诫自己：最差的境遇赶快到来吧，在那之后我将会面临越来越好的境遇。等到你真的挨过最痛苦的阶段，整个世界就会为你春暖花开。哪怕你不幸失败了，只要信心仍然存在，希望就不会泯灭，总有一次冲击会带给你胜利。

## 2 让你痛苦的，必将让你强大

令你忍受痛苦的事情，可能令你有甜蜜的回忆。

——福莱

对于那些懂得生命真谛的人来说，生活是一种享受；而对于那些不了解生命真谛的人而言，生命则是一种折磨。因此，如果我们想要让自己活在美好的生命里，了解生活的真谛就成了一门必修课。至于如何了解生活的真谛，首要任务就是要尊重生命的存在形式，其中包括一些让你得意的经历，自然也包括一些让你感到失意的经历。然而，逆境在很多人眼中都是无法接受的，他们会觉得自己运气不佳，继而觉得人生灰暗，甚至抱有轻生的念头。

由于无法正确看待逆境，很多人都会在逆境面前被轻易打垮，逃避就是对待逆境最常见的消极方法。对此，我们应该时刻谨记，没有人喜欢深陷逆境，但是也没有任何人能够逃过逆境的洗礼。有时候，你越是逃避逆境，它反而越是会找上你的门。因此，当逆境降临你的世界时，勇敢地面对并积极地解决才是正确做法，逃避只能让你永远处于失败和懦弱的境地。相反，如果你能够战胜困境，哪怕只是勇敢地面对困境，也能够一次次地坚强和强大起来，到时候逆境就会成为帮助你成熟和成长的最佳途径。

司马迁是我国历史上著名的史官，他出身史官世家，从小就立志写一部流传千古的史学巨著。为了达成这一理想，他不但坚持每天阅读大量史料文献，还游历了全国各地，以便最全面深入地了解当时社会和历史。

然而，一次不经意之举，让司马迁遭受了身体和精神的双重打击。当时，大将军李广利带兵征匈奴，前锋李陵不幸被俘，且诈降匈奴，成为所谓的中国历史上第一个汉奸。汉武帝为了以儆效尤，将李陵全家老小尽数杀害。司马迁和李陵交好，为此说了几句求情的话，却被汉武帝施以宫刑。

这种刑罚不仅有惩处的作用，同时也含有极大的羞辱含义，这让司马迁一时陷入了绝望当中。要知道，汉武帝对司马迁动用宫刑，足以表明他对司马迁的愤恨。为此，司马迁的朋友担心自己受到牵连，纷纷开始疏远他，更多事不关己的人也开始拿他来做谈资和消遣。

然而，沉重的打击并没有击垮司马迁，经过一段时期的休养和沉淀，他转而开始撰写著名的《史记》。司马迁写史记，困难之巨可想而知，彼时不像今天，连书写用的纸张都还没有出现，大部分史料都写在竹简上。司马迁写成整部《史记》，究竟需要阅读多少竹简，同时书写多少竹简，是今天的我们所无法想象的。

不过，凭借惊人的毅力和渊博的知识，司马迁最终还是将《史记》完成，为当时后世贡献了一部珍贵的史学巨著。

如果司马迁没有经历宫刑的沉重打击，能否如愿完成《史记》，恐怕要打一个不小的问号。因为与他同时代还有很多史官，甚至包括他的祖父和父亲，几乎每个人都想过完成一部史学巨著，但最终完成这个愿望的却是司马迁。由此可见，宫刑对他的打击固然残忍，对他的帮助也不是一点都没有。对于我们来说，身陷逆境也许是痛苦的，但是如果没有身陷逆境的痛苦，你又如何得到成长。而如果你无法得到成长，又怎么可能变得强大，从而成就一番事业，享受巨大的成就感和幸福感。

所谓“宝剑锋自磨砺出，梅花香自苦寒来”，能够成就一番事业，担当天下之大任者，大多需要经历磨难的考验。我们常说“优胜劣汰”和“弱肉强食”，那么究竟是什么完成这样的筛选，其实就是痛苦。有些人不堪痛苦，甚至畏惧痛苦，躲在自己的避风港里编织一套自欺欺人的处世哲学，实际上一旦有点儿风吹草动，他们的世界就会顷刻崩塌。而对于那些内心强大的人来说，就算世界真的崩塌又有什么关系？大不了从头开始，再去建立一个全新的世界。

事实上，我们每个人想要存活于世，都不能拒绝成长。而痛苦无疑也是成长中的一部分，而且还是最重要的一部分，当你能够淡定自如地吞下痛苦的果实时，实际上就已经找到了让自己强大的良药。在此，我们可以想象一下那些常年处于顺境当中的人，他们就像是生活在温室里的花朵，看似光鲜无比，但一点点风雨的洗礼都可能让他们枯萎死亡。而那些生长在野外的草木，能够在风吹日晒中茁壮成长，再大的风雨也难以撼动它们。

## 3 经历才是人生，输赢都不重要

经历的一切都值得！

——胡歌

第二次世界大战的时候，为了弥补空军作战人员的不足，美国曾经有过一次大规模的征召飞行员，其中包括很多之前退役的老飞行员。这些老飞行员被单独挑选出来，经过训练后准备尽快投入战场。当时，有个非常重要的飞行任务，将军需要挑选出一位称职的官员。但是在大堆的简历当中，他没有关注那些有过无数成功经验的老兵，而是选中了一位有过多次失败经历的老兵。

当时，这项决议受到很多人的反对，首先他们觉得这位老兵太不祥了，因为他参加过的飞行任务基本上都是以失败告终，而且很多队员都牺牲在了行动中。其次，还有那么多经验丰富的飞行员，他们可都是有着许多成功经验的。

然而，将军却坚持自己的选择，他的理由很简单，失败的经历比成功的经历更宝贵，同时也比成功的人更渴望成功。大家都觉得将军的话毫无道理，但是他的命令又必须服从，于是大家在一片质疑中出发了。

事实证明，将军的话是正确的，战斗机编队在这位有着丰富失败经历的飞行员带领下，完全摒弃了以往的作战习惯，同时也躲过了许多可能招致失败的陷阱。轰炸目标出现后，他也没有急于下达进攻的命令，而是盘旋下降到超低空，然后出其不意地掠过敌人阵地。如此一来，不仅让敌方的防空武器失去效力，同时也使己方能够更加容易地命中目标。

胜利返航之后，大家都感叹这是自己经历过最轻松的一次飞行任务，同时无不佩服那位以失败著称的领队飞行员。有人问领队，为什么他会懂得那么多，他的很多做法都是训练课上没有教过的。这位飞行员只是淡淡地说："如果失败给你的痛苦足够沉重，你是不会再去犯同一种错误的。"

又有队员劝他去请功，他同样谢绝了说："没有什么好庆祝的，我得赶快回去研究，如果下次敌人加强了低空防御能力，我该怎么办？"

太多的时候，我们都是极其渴望成功的，因而总是本能地排斥失败。可是，不管我们排不排斥失败，它总是会与你不期而遇。如此一来，当失败降临你的世界时，便会不可避免地带给你情绪波动，从而使你丧失平常心态，甚至失去最基本的理智。而对于那些能够坦然接受失败的人来说，就会把失败当作一种常态，如此在面临失败时反而能够保持理智，从而做出正确的判断和应对。因此，只要是你经历过的事情，失败和成功并不重要，重要的是你是否从中汲取了经验教训，如果你能够确保这一点，失败往往比成功更有价值。

如果我们把目光放得足够长远，一次成功或者失败并不重要，整个人生的输赢才是关键。这就要求我们不要过于纠结单次的失败，因为一次失败说明不了任何问题，只要你勇气尚存，站起身继续前行，在下一次把成功抢回来就是了。如果你被一次失败击垮了，很可能这一生都无法走出它的阴影，如此不要说成功，即使面对下一次失败的勇气都将失去。事实上，真正的成功往往由失败积累而来，有时候甚至等到你对成功的渴望已经消退，成功才会“意外”地降临。

对于每个人来说，成功往往会让你骄傲自大，而失败则更多地让你谨小慎微。骄傲自大的人注定会失败，谨小慎微的人只要没有失去成功的信念，也迟早能够迎来成功。换句话说，成功的人难免会在接下来面临失败，而失败的人也可以通过努力获得成功，失败和成功都是一个过程，过于看重其中的哪一个，都只会让你陷入人生的迷途。因此，在成功之后谨小慎微，在失败之后不气不馁，才能让你看得更高，走得更远。

此外，成功大多会让你记住一件事的结果，而失败则会让你记住一件事的整个过程。我们曾经看到过很多名噪一时的人，最终却暗淡收场，而那些经历惨痛和失败之后，才获得成功的人，则能体念成功的来之不易，从而将成功牢牢地握在手中，尽可能地避免惨淡收场。所以，成功和失败都只不过是一种人生经历，我们不应该对二者有任何的偏见，唯有如此才能让自己笑看风云，淡然处世。

## 4 坚强的时候，成功开始

强者容易坚强，正如弱者容易软弱。

——爱默生

这个世界究竟有多少诱惑和陷阱，又有多少艰难和险恶，只有经历的人才知道。如果你没有修炼出一个强大的内心，在弱肉强食的残酷现实面前，你就会成为别人盘中的美餐，遭受被吃掉的命运。哪怕是在生活当中，彼此间的尔虞我诈也总是频频上演，面对这些事情的时候，可能你会觉得很累，但社会就是如此。如果你不能坚强着一路走下来，一样遭到排挤和踩踏，永远做别人的垫脚石。更重要的是，只要你坚持下来，当这个世界认可你之后，或者说你找到自己的立足之地以后，就会变得如鱼得水，左右逢源。

通常来讲，任何人想要获取成功都会遭遇各种磨难，这就要求我们必须修炼出一颗坚强的心。否则，即便你占据的资源再怎么优厚，也只能做一个扶不起的阿斗，永远无法获取理想中的成功。虽然说，我们结交朋友就是为了互相帮助，但是你首先必须打造出一个足够强大和独立的自己。要知道，别人可以帮你一时，却不可能帮你一世；别人能够帮你阻挡危险，却不可能帮你阻挡恐惧。因此，我们只能把别人的帮助当作权宜之策，修炼一个强大的自己才是首要任务。

诺曼底登陆的时候，盟军的一小队士兵在执行任务时，不慎被德军包围。当时，德国士兵已成惊弓之鸟，整队盟军士兵只要拿起枪勇敢作战，就能够自行突围。但是他们知道此时盟军的形势一片大好，并没有拼死作战的必要，因而选择固守待援，向总部发出了求救信号。

总部长官接到消息后，立即准备派人营救，为了确保万无一失，他还准备吩咐空军部队做好待命准备，随时出发配合地面救援。恰巧这个时候巴顿将军来视察，当他看到总部长官将要发出的命令时，立即抢过来撕得粉碎，并且怒吼道：“他们是战士，不是陷在电梯里的老人和孩子，如果他们不学会自救，迟早会在战场上被敌人吃掉。你现在就下命令，让他们自行突围，总部不会派出一个士兵去救他们。”

命令传来，盟军的小队士兵一个个目瞪口呆。要知道，遇到敌军之后请求空中支援，如果被敌军包围，请求地面部队支援解围，这些都是美军作战的惯例。因此，他们简直不敢相信自己手中的命令，而德国士兵的进攻正在迅速加强。既然左右都是死，还不如冒险冲出包围，小队士兵下定决心，一个个奋勇地作战。

事实上，德国士兵将他们成功包围后，主力部队已经继续前进，只留下少量意大利部队继续围困。当盟军士兵从掩体里冲出来的时候，这些意大利士兵立即不知所措，他们甚至连逃跑都忘记了，转瞬间成了盟军的俘虏。

无论对于任何人而言，都不能把成功的希望寄托在别人身上，那只会让你永远陷在懦弱当中，哪怕你取得了成功，也会被之前的对手看不起。相反，如果你是依靠自身能力选择抗争的，哪怕不幸遭遇失败，你的对手也会对你充满敬佩。因此，我们与其在别人的羽翼下苟且偷生，不如展开自己稚嫩的翅膀去迎击风雨。那风雨固然可怕，也会带给我们各种各样的痛苦，但是它也会让我们变得坚强和勇敢，直到你能够独自在风雨当中任意翱翔。这个时候你一定会发现，那些曾经被你认为不可能做到的事情，其实是非常简单的，因为你已经有了战胜它们的经验，哪怕只是一次失败的经验。

坚强作为成功的必备素质之一，是我们每个人都必须修炼的，而修炼这一素质的最佳途径，就是在逆境当中勇往直前，直至胜利降临。事实上，成功和胜利远没有我们想象的那么艰难，只要你能够战胜自己内心当中的恐惧，那么外界的一切艰难险阻，都将瞬间被你视若无物。因此，如果你想要战胜自己的懦弱，什么都不要想，也什么都不要做，首先找到一件自己觉得不可能完成的事情，勇敢地尝试一下。失败也没什么关系，关键是要让自己体验一下挑战极限的感觉，它会让你变得坚强起来，直到无往不胜。

总而言之，当你想要获取成功的时候，一定要让自己拥有一颗坚强的心。所谓磨难和逆境，都是上天对你提出的考验，如果你将它们一一战胜了，就会让自己变得越来越坚强，同时也会越来越接近成功。而如果你总是畏缩逃避，就会越来越懦弱，成功的目标也会和你渐行渐远。

## 5 不抱怨的时候，机会上门

永不抱怨的人生态度才是第一位的。

——马云

璞玉要经过万千雕刻，才能展现出流光溢彩，让见者为之心动。蝉蛹要在地下经历漫长的黑暗和等待，才能破土而出，并且破壳而出。在我们所生活的这个世界上，但凡美丽的东西都需要经过艰难的孕育才能最终产生。换句话说，只要我们付出足够的努力，迟早有一天能够一飞冲天。但如果你没有付出相应的努力，或者没有做好充足的准备，比如，做好不抱怨的准备，那么即便大好的机会降临，也会被你白白浪费掉。



其实，上天总会把机会平等分给每个人，之所以有些人能够抓住机会，一举改变自己的命运，就是因为他们做了充分的准备。而那些失败的人，虽然也每天梦想着成功，实际上却什么准备都没有做，等到机会失去了又开始怨天尤人。至于什么样的准备能够让我们拥抱成功，最基本的一点就是禁得住风雨的洗礼，并且由此变得沉着冷静，才能在最艰难的关头发挥出自己的正常水平。要知道，很多人之所以功败垂成，并不是因为他们的能力有所欠缺，而恰恰是因为他们在非常时刻无法面对强大的压力。

西尔维斯特·史泰龙是美国著名影星，但是他的成功却经历了一系列磨难。出生的时候，由于医生使用产钳失误，导致他的面部神经被破坏，因而使他的眼角下垂严重，看上去总是无精打采的。在学校里，西尔维斯特·史泰龙的表现也很平常，他不爱学习，而且看上去呆头呆脑，是同学嘲讽的对象，也是老师和家长担忧的对象。

毕业之后，父母安排西尔维斯特·史泰龙从事文学创造，也没有遭到他的拒绝。在西尔维斯特·史泰龙的心中有着一个热烈的梦想，那就是成为一名优秀的演员。为此，他在业余时间写了大量剧本，同时寻找一切机会参加影视演出。如此一来，他不仅深入了解了整个影视行业，还积累了大量演艺经验。

有一天，西尔维斯特·史泰龙在无意间看了一场拳击比赛，顿时灵感乍现，从而写出了一部暴力美学剧本《洛奇》。投资方和制片方对剧本都非常感兴趣，对于西尔维斯特·史泰龙来说，机会终于到来。对于剧本报酬，他没有提任何要求，只希望自己能够亲自出演这部电影的男主角。

投资方和制片方看了西尔维斯特·史泰龙的作品，对他的演技进行了了解，这才有了他后来的一炮而红。如今，西尔维斯特·史泰龙的硬汉形象已经传遍全世界，《第一滴血》系列和《敢死队》系列更是成为票房吸金神器。而据西尔维斯特·史泰龙后来回忆，他曾经申请出演电影主角近2000次，却从来没有人给他一次正式的回复。

作为一名普通人，我们不一定要有西尔维斯特·史泰龙那样的非凡经历，但是只要你心中怀有一个成功梦，就要为梦的实现做好准备。在前往梦想实现的道路上，你可能会经历长期的考验，但是你要知道，这是自己获取成功必须要付出的代价，所以不能有任何懈怠，以及抱怨的情绪。只有保持这样的心态，你才能不断积累自己的价值，直到有一天机会出现，将它牢牢抓在自己手中。要知道，没有人能够随随便便成功，任何一次成功的获得，都需要你长时间的打磨和沉淀自己。实际上，也只有这样来之不易的成功，才是有味道的，才是值得回忆的。

正如那个经典的小故事：

深山当中有两块大石头，其中一块被选定雕刻佛像，另一块则被选作切割成石阶。被雕刻成佛像的石头每天端坐高堂，受世人跪拜；而被切割成石阶的石头则每天接受风吹日晒，被万人践踏。很快，被切割成石阶的石头开始抱怨，认为自己和雕刻成佛像的石头本质是一样的，为什么自己的境遇比它差那么多。被雕刻成佛像的石头告诉他：我之所以享受世人跪拜，是因为身上被雕刻了千万刀，每一刀都是撕心裂肺的疼痛。你虽然每天被世人践踏，却只挨了区区六刀，又有什么资格抱怨命运不公呢？



事实就是这样，每个看似光鲜无比的人物，都不免经历过比我们多得多的磨难。如果我们也想成为别人眼中的光鲜人物，就要做好被“千刀万剐”的准备，如此才能以最大的决心去获取成功。要知道，有时候默守孤寂和枯燥也是一种准备，因为这个世界上有一种成功是熬出来的。俗话说“好事多磨”，只要我们做好接受磨难的准备，并且在磨难中不断地完善和拔高自己，哪怕此时正处在困境和低谷当中，也终有一天能够守得云开见月明。其实，机会总是留给那些有准备的人，我们与其抱怨没有机会，不如做好迎接机会降临的准备。

## 6 只有放长线，才能钓大鱼

一个钓鱼者的首要的品格，不以钓多少鱼来衡量乐趣。

——丘吉尔

曾任美国总统的哈里逊，是一个看似木讷、实则精明的人。很小的时候，他就以木讷的姿态示人，并经常因此受到大家的嘲讽。

有一次，哈里逊的同学为了消遣他，分别拿出1美元的硬币和5美分的硬币，然后问他希望得到哪一枚。哈里逊想都没想就选择了5美分，对1美元的硬币根本视而不见，当大家问他为什么这样选的时候，他只是说自己最喜欢吃的冰激凌卖5美分。

很多人不相信世界上有这样“愚蠢”的人，都纷纷跑来做实验，但哈里逊每次都会选择5美分的硬币。一位好心的朋友提醒哈里逊，告诉他1美元比5美分更有价值，当然也可以买更多的冰激凌，下次再选的时候就选1美元，这样还能避免别人说自己傻。

哈里逊却诡秘地一笑，说：“我只是看上去傻罢了，这是我故意制造的迷雾，何况就算是傻子也知道1美元比5美分多。”

朋友不解，说：“那你为什么还每次都选5美分的硬币。”

哈里逊说：“我每次都选5美分，这样就能够制造话题，让大家都觉得新奇，确切地说是不相信世界上有我这样的傻子。为了求证，

大家都会跑来给我钱，一次是5美分，那么两次、三次、四次、五次，以至更多次呢？如果我只盯着那1美元看，而不是想办法得到更多的钱，第一次就会选择1美元，哪还能有后来的那些钱呢？”

朋友笑说：“每个人都以为你傻，现在看来，他们才是真正的傻子，只是他们不知道而已。”

在现实生活和工作中，我们也经常会面对这样的选择，究竟是选择较大的短期利益呢？还是选择较小的长期利益呢？这个时候，就需要我们有大局观念和长期观念，绝不能因为贪图一时的蝇头小利，而葬送掉大好的前程。比如，当你和朋友借来一笔钱的时候，原本已经到了约定的归还期限，但是出于种种原因，你并没有能够及时归还。而实际上，只要你克服一下，完全可以把钱换上。可惜你却选择了用借口来搪塞对方，这样就使你失去了比金钱更重要的信誉，当你下次再向朋友借钱的时候，对方很可能会选择拒绝，甚至把你的坏名声辐射到整个朋友圈。

俗话说“舍不得孩子套不找狼”，如果你总是纠结于自己手中的蝇头小利，那么你就只能默默地守着它艰苦度日。而如果你能够把手中的小利当成钓饵，当你钓来肥美的大鱼时，就能够称心如意地吃上一顿。比如我国战国末期的吕不韦，为了能够真正的飞黄腾达，不惜耗费自己的万贯家财，只为帮落魄的秦国公子登上王位。后来梦想果然如愿，吕不韦不仅因此成为秦国丞相，也得到了比之前多得多的财富。试想，如果吕不韦只是守着自己的家财不放，他甚至连看都不会看子楚一眼，那么他也就无法得到后来的声威和名利。

由此我们也可以得出结论，当你审视自己的利益取舍问题时，最好能够把目光提升到人生的高度，同时为自己树立足够远大的理想。说到理想，我们可以看看古代那些真正的知识分子，他们以天下为己任，怀揣为百姓谋福利的理想，不管遇到什么样的诱惑，都能够坚定地拒绝，只因为他们有着长远的目标。作为一名普通人，我们虽然不宜把自己的人生目标定得太过遥远，但也绝不能让自己鼠目寸光，成为一只坐井观天的青蛙。也许我们穷尽自己一生的精力，始终无法实现自己的理想，但是只要你勇往直前，在赶往理想的路上，还是能够取得一定的成绩。

比如你从小立志成为一名运动员，并且将来取得冠军为国争光，也许你的个人条件和客观环境都不允许。但是，只要你摆正心态，在坚持锻炼的过程中，拥有一个好的身体，还是能够轻松做到的。要知道，很多人都会在生活和工作中无视自己的身体健康，因而身体状况越来越糟，能够用于安心工作的精力也越来越少，如此形成一个恶性循环，很难取得理想的成绩。其他事情也是如此，只有在“放长线，钓大鱼”的思想引导下，你才能战胜平常的很多诱惑，从而躲过那些致命的陷阱，把自己打造成为一个经得起风雨的人。

“放长线，钓大鱼”，还要求我们能够沉住气，静下心来潜心修为，不要因为一时的小不忍而意气用事，以至于在偏激的思想下做出后悔莫及的事情。比如明朝中后期著名的治世能臣张居正，从小怀揣天下为公的理想，但是在进入仕途之后，整个明王朝已经积弊沉重，根本没有他施展抱负的舞台。为此，他苦苦隐忍数十载，出卖了自己的颇多原则，直到时来运转，成为大明帝国的实际统治者，才终于把自己的理想拿出来实现，以至于最终成就一番伟业，得以在历史上名留千古。而与张居正同时代的很多人，在入世之初就展现尖锐的棱角，结果都在历史的大浪淘沙中销声匿迹。

其实，我们每个人的一生都像极了一次投资，不同之处仅在于投入了多少和获利了多少，以及用了多长时间获利。所谓“将欲取之，必先予之”，人生理想也是如此，当你清楚了自己想要的东西是什么之后，就要明白哪些东西可以舍弃，并且在需要的时候果断舍弃。只有这样，才能为你的最终目标不断加分，直到那目标像成熟的果实一样，瓜熟蒂落般地坠入你的手中。千万不要因小失大，或者带着投资心思去铤而走险，那些都是赌徒和亡命徒该做的事情，作为一名普通人，我们最好还是要懂得“放长线钓大鱼”的道理。

## 7 福祸总相依，一时得失要看淡

> 非淡泊无以明志，非宁静无以致远。
>
> ——诸葛亮

老子有言：“祸兮，福之所倚；福兮，祸之所伏。”旨在告诉我们，人世间的祸与福并没有一个明确的界限，而是处在相互演变的动态过程中。在我们的现实生活和工作中，一件事看上去是好事，可能会在你的不经意间种下祸根，如果没有这件好事，也就不会有将来的祸事。一件事看上去是祸事，可能以后会因祸得福，如果没有这件祸事，你很可能要遭遇更大的祸事。因此，当你身边发生任何一件事的时候，都要告诫自己沉住气，要把目光放得长远一些，同时把事情分析得透彻一些，如此才能把所有事情置于自己的可控范围之内。

然而，很多人在幸事降临的时候，总是高兴得忘乎所以，好像天下已经没有什么事能难倒自己一样。而当祸事降临的时候，他们又会觉得到了世界末日，自己也已经什么事情都做不成。其实，我们每个人的命运都是起起伏伏的，而且未知的因素也很多，如果你总是跟着眼前的境遇起伏而变换心境，将会很容易迷失自己。如果你能够意识到，好事只是一时的好事，坏事也只是一时的坏事，就能够把问题分析清楚，同时做出正确应对，如此命运的大方向也一定会向着好的目标发展。

由此可知，“塞翁失马，焉知非福”不仅是一种人生智慧，同时更是一种生活心态。它能够让你在得到的时候保持淡定，也能让你在失去的时候保持坦然，从而把心思放平稳，把气沉下来。而一个人只要能够养成理智分析问题的习惯，哪怕起点很低，他的生活经验和阅历也会扎扎实实地逐渐积累，直到积累到足够高的程度，心境和智慧也就应运而生了。相反，如果你无法修炼出一颗恬淡的心，随便遇上什么事都会手足无措，等到事情匆匆忙忙地过去了，你仍然稀里糊涂，以至于下次犯同样的错误。

列子是我国战国时期著名思想家，他智慧高远，安贫乐道，受到当时很多学者的推崇。有一次，他的美名传到了郑国君王耳朵里，于是君王派使者带着千金去聘请他。列子虽然热情地接待了使者，但对于聘金却看都不看一眼，同时他也谢绝了郑王的好意。

当时，列子家里的境况已经非常窘迫，全家人甚至已经很长时间没有像样吃过饭，每天都是在用青菜豆腐充饥。因此，妻子便责备列子，认为他故作清高，沽名钓誉，却置一家人的生死于不顾。

列子向她解释说：“近来郑国无事，君主又没有什么大的志向，从他继位以后推出的政策来看，他只是一个安于现状的君王。如此，他忽然聘请我入朝为官，一定是轻信了什么人的举荐。他既然如此容易轻信于人，将来难保不会有人说我的坏话，到时候我们即使想像现在一样过日子，恐怕也是做不到的。”

果然，列子的一个朋友听说郑王正在“招贤纳士”，主动举荐自己，并得到任用。但就在当年，郑国忽然发生了非常严重的自然灾害，国家的救助不及时，激起了很大的民怨，郑王为了平息大家的怒火，只得找一个人出来做替罪羊。这个时候，有人向郑王提到了列子的那位朋友，结果此人便不明不白地做了冤死鬼。

无罪之臣冤死，郑国的大臣们人人自危，一个个都开始推卸其责任来。列子却在这种情况下主动举荐自己，家人当然反对，但列子却解释说："大臣们为其自保，都不肯为郑王效力，现在正是郑王求贤若渴的时候。我去为他做事，不仅性命无虞，还会得到他的信任，我虽然不求官运亨通，却想为天下百姓多做些事，此时正是时机。"

于是，列子通过朋友的举荐入朝为官，在帮助郑王度过难关之后，果然得到了他的信任和擢升。

很多人在分析和判断事物时，往往只能看到眼前的一时，因而非常容易自乱阵脚。而列子不仅能够用发展的眼光看待问题，从而把问题看长远，同时还能够深入透彻地分析应对问题，如此才能在风起云涌的政治大潮中趋利避害。我们在现实生活和工作中，也要培养自己具备这种意识和心态，这样才能在别人陷入一片慌乱或是一阵兴奋的时候，保持心明如镜，做出正确的分析、判断和选择。要知道，就算没有人给你挖陷阱，这个世界上的诱惑和挫折也足以将你吞噬，唯有一颗处乱不惊的心，才能让自己一生平稳。

其实，我国历史上明哲保身的人比比皆是，比如曾经帮助越王勾践赢得天下的范蠡，在功成名就之后便选择了激流勇退。也许很多人会想不通，既然他曾经和勾践同甘共苦，为其建立国家立下汗马功劳，为什么不能一起坐天下呢？原因很简单，"兔死狗烹"是最常见也是最基本的历史规律，那些和君王一起打天下的功臣，哪怕曾经立下世奇功，只要和君主发生争执，没有一个落得好下场。而出于根本的利益冲突，君臣之间存在天然矛盾，争执大多必不可免。

事实就是如此，可能你根据自己的判断，认为绝对不会出问题，但问题出就出在“你认为没问题”上。所谓“最大的忧患乃是没有忧患”，当你处于绝对优势的时候，本能地会认为天下在握，没有什么东西能够威胁自己，因而不免放松警惕。殊不知，你此时所取得的那些优势，正是你战战兢兢和一丝不苟赢来的。而你之所以能够打败自己的敌人，也正是因为他认为自己胜券在握，并因此放松了警惕，才让你有机可乘。所谓“后人哀之而不鉴之，亦使后人而复哀后人也”，我们每个人都觉得自己比别人聪明，别人犯下的错误自己不可能犯，直到事情无法挽回才后悔莫及。

所以，我们应该在得意的时候保持克制，在失意的时候保持勇气，千万不要被一时的境遇冲昏了头脑，迷住了双眼。

# 8 脚踏实地，幸福也要“落袋为安”

欲当大事，须是笃实。

——魏裔介

心理学家曾经做过一次有趣的实验，他们来到动物园，把一包花生洒在地上。接受实验的猴群立即一拥而上，纷纷捡食地上的花生，一些强壮的猴子还把那些瘦弱的猴子赶到一边，贪婪地享用花生。

接下来，心理学家又把一些香蕉挂在屋顶上。对于猴子来说，香蕉的诱惑力显然比花生大得多，因而那些强壮的猴子又开始争抢香蕉。但是，由于心理学家故意把香蕉挂在它们够不到的地方，这些猴子上上下下地跳个不停，就是不能如愿。

而那些瘦小的猴子，因为没了强壮猴子的争抢，得以顺利地捡食地上的花生。于是，不可思议的一幕出现了，那些强壮的猴子尽管够不到香蕉，却仍然没有罢手的打算，结果饿得饥肠辘辘。而那些瘦弱的猴子则由于只敢吃地上的花生，而吃得饱饱的，它们甚至还有兴致看那些强壮的猴子跳上跳下。

最终，那些强壮的猴子累了，可是当它们回过头去抢地上的花生时，那些瘦弱的猴子以逸待劳，居然赶走了那些强壮的猴子。不过事情并没有就此结束，瘦弱的猴子打败强壮的猴子后，也开始垂涎挂在屋顶上的香蕉，因而也开始跳着抢那些香蕉。

就这样，相同的一幕出现了。先前强壮的猴子开始捡食地上的花生，等到它们吃饱之后，那些又饿又累的瘦弱猴子回来抢食花生，结果被强壮的猴子赶走。而强壮的猴子重新恢复优势地位后，居然还是跳着去抓屋顶上的香蕉，如果不是心理学家结束了实验，如此的场景还不知道要持续多长时间。

也许你会笑猴子，明知道屋顶上的香蕉够不到，却还是要舍弃地上的花生，并且一次又一次地不长教训。其实，我们人类又何尝不是如此，很多人都放着现成的幸福不去珍惜，而去追寻那些遥不可及的幸福。直到有一天，你忽然意识到那幸福不属于自己，于是开始回过头来珍惜自己拥有的。然而时间久了之后，你还是会觉得眼下的幸福索然而无味，转而继续追寻那些遥不可及的幸福。很多人甚至会觉得，只要是别人的东西就比自己的好，因而总是像狗熊掰棒子一样，永远都在追求未来的幸福。如果你能够静下心来思考，就会发现这不过是贪婪之心使然，如此任意放纵，迟早被欲望的黑洞吞噬。

要知道，每个人都想获得更加美好的东西，这也是人类之所以不断向前发展的动力。但是我们同时也应该谨记，这个世界上的东西只有更好的，没有最好的。我们能够真正得到的幸福，在于你实实在在抓在手里的东西，而不是你眼前正在向往的东西，甚至是你完全无法把握的东西。应该说，每个人都有追求自己梦想的权力，但是梦想和幻想只有一线之差，如果你的梦想已经在不知不觉中变为幻想，那么你付出的心血越多，无疑就会在不归路上走得越远。

毋庸置疑，我们应该建立自己的梦想，但是我们活在现实社会

当中，如果只有梦想显然是无法存活的。从严格意义上来讲，梦想或者说理想也是一种欲望，如果我们不能从实际出发，对自己的梦想加以限制，还是会在欲望的诱惑下丢掉自己。因此，无论到了什么时候，我们都必须坚持实事求是，任何梦想只有在事实的层面上有实现的可能，才能够让自己放手一搏。如果你明明知道梦想是不可能实现的，却仍然不愿意接受这个事实，而是做出一些飞蛾扑火和螳臂当车的蠢事，最终只能让你空留遗憾。

比如，某些人觉得影视明星光芒四射，于是不顾自身条件的限制，也梦想成为一名影视明星。在生活中，他们不惜浪费大量时间，如痴如醉地去搜集偶像的作品欣赏。为了让自己的情感有所寄托，他们还会浪费大量的精力了解偶像的个人信息，甚至想着有朝一日能够结识他们。有些人觉得自己的长相不够漂亮，还想到做整形手术让自己变好看，结果既不像明星那样漂亮，也失去了自己的个性。最离谱的是，很多人本来的长相很好看，他们却非要以明星的长相为美，结果亲手毁掉自己的一生。

西方有一句谚语：如果你能够平静地生活，就能够拥有平静的心态。这句话告诉我们，幸福不必来自光芒四射，也不必来自惊天动地，而是来自平平淡淡和简简单单的生活。你可能会把明星的生活想象得幸福至极，可是真等到你成了一个明星，就会发现他们的工作很辛苦，他们的生活也会受到很多限制，他们的幸福来得更艰难。退一步讲，当你想要成为明星的时候，确实已经做好准备了吗？推此即彼，任何事情都是这样，而且越是平常的心态，越是有助于你成就非凡的事业。

总而言之，世界上没有最好的幸福模式，而只有最适合你的幸福模式。辛弃疾说，“蓦然回首，那人却在灯火阑珊处”，其实幸福往往也是如此。当你费劲心力去追寻一样东西的时候，似乎已经把自己的能力用到极限，却仍然无法把自己想要的东西抓到手。而等你终于想要放弃的时候，却发现幸福潜伏在自己身边，只要你一个转身，就可以把它结结实实地抱在怀里。至于那些不属于你的幸福，也许看上去很美，实际上却是海市蜃楼，随时可能把你埋葬。因此，当你想要获得幸福的时候，首先要校正自己的幸福观念：所谓幸福，一定要抓在自己手里，“装进”自己的口袋里。

# 9 给他人面子，磨砺自己的脾气

为人粗鲁意味着忘却了自己的尊严。

——车尔尼雪夫斯基

一个人如果只顾自身感受，而从来不考虑别人怎么想，那么别人也完全没有迁就他的义务。要知道，人与人之间的交往是相互的，你给别人留足了面子，备好了台阶，当你需要面子和台阶的时候，别人才会把面子和台阶主动给你送来。所谓“赠人玫瑰，手留余香”，只要我们真诚地对待每一个人，在别人需要帮助的时候主动伸出援手，并且充分顾及对方的心理感受，就能够让自己获取想不到帮助。

可惜，在很多人眼中，与人交往必须要一争高下，只有把别人都狠狠地踩在脚下，才能显示出他们的高明。对于这些人来说，也许能够得意一时，但是他们凭借强力压制对方，而不是用自己的德行感化对方。因而对方的心中只有屈服，没有佩服，永远都会憋着一股报仇雪恨的劲儿。所谓“风水轮流转，明年到我家”，今天你的得意建立在别人的失意上，明天也许你就会变成那个失意的人，并且没人会给你台阶下，就像你此时丝毫不懂得给别人台阶下一样。

古语有训："水满则溢，月盈则亏。"这其中蕴藏着一个浅显而又深刻的道理，那就是什么事情都不要做得太绝，否则就是在给自己挖坟掘墓。兵法上讲，如果你的敌人陷入了绝境，最好的应对办法是给他们留出一个逃跑的方向，把他们赶走即可，这样就能让他们接受失败的事实。如果非要赶紧杀绝，让他们明白失败就意味着死亡，那么必定引发对方拼死一搏，这样即便你取得了最后的胜利，也逃不过"杀敌一千，自损八百"的魔咒。我们与人交往同样如此，适当地给别人一个台阶下，对方就会乖乖就范。如果我们非要把对方逼上绝路，让他们觉得已经忍无可忍，恐怕就会狗急跳墙了。

在我国历史中，给别人一个台阶下，最终受益匪浅的典故比比皆是，我们也应该从中汲取一些智慧。



战国时期，有一个叫冯谖的齐人，因生计所迫，不得不寄居到孟尝君门下。

很快，冯谖的委托人见到了孟尝君，并且说明了此事。

孟尝君问委托人："此人有什么本领呢？"

委托人说："没有。"

孟尝君又问："他有什么异象吗？"

冯谖说："也没有。"

在场人听了之后，发出一阵哄笑。孟尝君虽然也笑了，但他觉得冯谖是一个读书人，还是让他进入府中做幕僚。仆人见冯谖寒酸，大有轻视之意，把他当成下等人对待。没想到，冯谖是一个眼里不揉沙子的人，他看到别的门客每天有鱼有肉，自己却总是青菜萝卜，便弹着长剑哗众取宠地唱歌，说："长剑啊，咱们还是回家吧，饭菜里没有鱼肉啊！”众门客无不围上去看热闹。

孟尝君听到动静，问左右怎么回事。左右告之，孟尝君面露不悦，责备仆人不懂事，冯谖因此每餐有了鱼肉享用。没过多久，他又看到其他宾客出入有车驾，于是故技重施，并最终得到了自己的车驾。后来，他还用相同的方法，把老母亲接到了自己身边，同时也得到了上等宾客的对待。

后来，孟尝君得到一块贫瘠的封地，希望门客有人去帮他经营。但是由于这块封地太过偏远，而且各方面条件非常恶劣，所以谁都不愿意去。但是冯谖感念孟尝君的恩惠，主动请缨前去，包括孟尝君在内，谁也没有在意这件事。

再后来，孟尝君仕途不顺，接连遭到打击。门客们见此情形，立即四散奔逃，撇下了孤零零的孟尝君。这个时候，冯谖已经把那块封地经营得富足强大，并且民心所向，无不对孟尝君忠诚无限。凭借此地和冯谖的帮助，孟尝君很快东山再起，成为国家的肱骨之臣。

不难想象，冯谖以“身无长技”入孟尝君门下，后者是完全可以举而不纳的。冯谖后来三弹其铗，孟尝君也完全可以不予理睬，甚至将他扫地出门。但是孟尝君并没有这样做，而是给予了冯谖上等宾客的待遇，可谓给了他的面子。正是在这种情况，冯谖才决心对他肝脑涂地，以至于在所有人贪图安乐的时候，前去经营边地。并且在所有人舍孟尝君而去的时候，坚定不移地继续支持他，直到帮助他东山再起。

我们在人际交往中，同样会面临这样的问题，那就是很多朋友看似没有帮助的意义，如果抛开朋友的情谊，也确实可以这样做。但是这样做真的足够明智吗？尤其是那些落难的朋友求上门时，如果拒绝施以援手，将是对他们更大的打击，下不来台的尴尬，势必会让他们无地自容，相互之间的情谊也多半从此终了。其实，雪中送炭的人永远要比锦上添花的人聪明，因为真正的友谊往往是从前一种做法中获得。有朝一日，如果你落魄了，能够真心给你帮助的，恐怕也只有那些曾经被你雪中送炭的人。

因此，不管到了什么时候，我们都要切实顾及别人的面子，不仅不能拆他们的台，还要想尽办法帮忙助威。这一次，可能付出的人是你，可能扮演配角的是你，甚至默默承受委屈的也是你。但是你要记住，自己所做的一切都会被朋友看在眼里，他们会默默记在心间，只等着时机一到，加倍地报答于你。可能有人会觉得，付出不一定有回报，但是请你记住，不付出就一定没有回报。何况，只要付出的足够多了，迟早有一天，你会得到所有人的肯定和帮助。

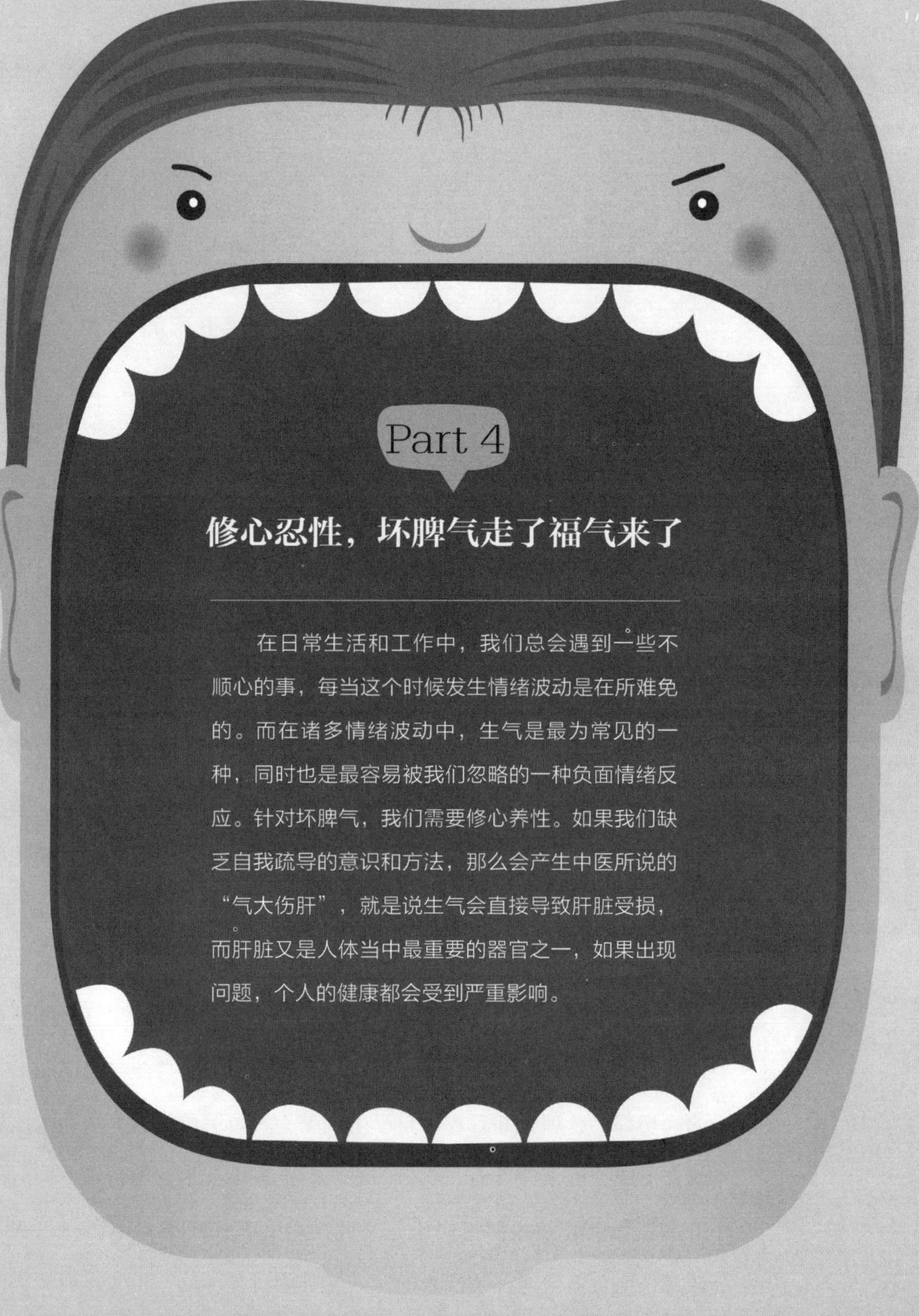

# Part 4

## 修心忍性，坏脾气走了福气来了

在日常生活和工作中，我们总会遇到一些不顺心的事，每当这个时候发生情绪波动是在所难免的。而在诸多情绪波动中，生气是最为常见的一种，同时也是最容易被我们忽略的一种负面情绪反应。针对坏脾气，我们需要修心养性。如果我们缺乏自我疏导的意识和方法，那么会产生中医所说的“气大伤肝”，就是说生气会直接导致肝脏受损，而肝脏又是人体当中最重要的器官之一，如果出现问题，个人的健康都会受到严重影响。

## 1 快乐是治疗生气的良药

> 生气的时候，开口前先数到十，如果非常愤怒，先数到一百。
>
> ——杰弗逊

很多人都认为，丰沛的物质条件会让人高兴，贫苦的物质生活则会让人难过。但是如果我们仔细观察，就会发现这样一个现象：在身边的朋友中，有些人总是笑口常开，有些人却总是愁眉苦脸，而他们的境遇却并没有大的出入。由此可知，这个世界上的事情没有绝对的快乐或者不快乐，有的只是一颗面对快乐或者不快乐的心。所谓“喜也一天，气也一天”，快乐和生气都是一种习惯，既然是这样，我们何不在主观意识上培养一颗盛满快乐的心，直至把快乐养成习惯，从此成为一个充满欢乐的人呢？

古语有训：“积行成习，积习成性。”当我们形成追求快乐和避免生气的意识后，就要从眼前的每一件小事开始，让生气魔咒从此一点一点地远离自己。比如，在你生气的时候，要疏导自己眼前的一切都是合理，并且告诉自己生气是一种可笑的行为。久而久之就会形成一种条件反射，积极的心态就会逐渐抚平你的情绪，同时也能让你随时随地拥抱快乐。与此同时，我们还要不断向自己强调，任何负面情绪都是快乐的敌人，其中可恶的就是生气，而我们终生所追求的最高目标，无疑正是快乐。

快乐使人阳光、健康、自信，而生气只能让人沮丧、脆弱、自卑，我们在进行自身修为的时候，必须坚定地选择前者。不管遇到什么样的困难，我们都应该这样告诫自己：可能我们正身处逆境，承受着巨大压力，好运从来不曾降临，坏运却接二连三地到来。但是只要我们还活着，就有追寻和拥抱快乐的需求和权力。要知道，在快乐面前人人都是平等的，关键在于我们有没有获取快乐的决心。也许你会觉得快乐距离自己很远，实现起来又无比困难，但只要你保持坚定信心，终有一天会把生气赶出自己的世界，届时你会发现拥抱快乐是如此的简单。

有个年轻人脾气很坏，生活中的一点小事就能让他生气，甚至无缘无故地发怒。在他的身边，几乎没有一个朋友，大家对他的印象都非常差。偶尔遇到一些新朋友，也会因为坏名声而失之交臂，当然他的坏脾气才是关键问题。

最终，年轻人意识到了问题出在自己身上，但是他已经病入膏肓，想要改变自己根本无从下手。几经周转，他来到了一座山上，并且在一座远近闻名的庙里得到了主持大师的点化。

当时，年轻人把自己容易生气的困扰倾诉出来，大师却什么话都没有说，径直起身为他安排斋房。当年轻人进入斋房之后，大师忽然退出，并且反手把门锁上，然后在年轻人错愕的表情中扬长而去。

等到年轻人反应过来，大师已经不知去向，他立即敲门呼救，可是寺庙中寂静无声，毫无回应。于是，他又开始生气，并且很快咒骂起来，直到他骂得筋疲力尽，才终于昏昏然睡了过去。

第二天，大师来给年轻人送饮食，问他还生不生气。年轻人一天积攒的火气立即爆发出来，对着大师一通大骂，大师却只是放下饮食，再一次悠然而去。这样的情况一直持续到第七天，当大师再次问年轻人生不生气时。年轻人只是恬淡如云地说："生气？什么是生气？我早就已经忘记了。"

次日，当大师打开房门，放年轻人出来的时候，他立即对向大师叩谢，然后便如释重负地下山了。从此，他再也没有生过气，更没有动过怒，而是变得性情温和，身边的朋友也渐渐多了起来。至于他最大的改变，就是从之前的整日愁眉苦脸，到如今的整日笑口常开，生气更是被抛到了九霄云外。

快乐的养成也需要快乐的填充，就是寻找一个快乐的源泉，从而确保自己能够沐浴在正能量当中，这就需要我们不断地去发掘和创造。其实，快乐往往就在我们身边，只要我们怀着快乐的心态去搜寻，很多快乐都是触手可及的。如果你实在无从下手，至少还可以主动接近那些周身充满快乐因子的朋友，在与他们为友的同时，更以他们为师。也许短时间内很难看到起色，但是只要你能够坚持下来，改变还是会在一点一滴中完成。

接下来，我们来简单了解一些获取快乐的小秘诀，参考内容为：

（1）身心健康。这里首先要说的是身体健康，包括远离疾病和伤痛困扰，如果把人体比喻成一台机器，那么你被伤病困扰就相当于机器带病运转，其中的压力可想而知。另一方面是心理健康，只有在健康的快乐观念下，才能得到真正的快乐，这是早已被大家公认了的准则。因此，我们必须努力打造自己的身心双重健康，以此来确保自己的快乐习惯。

（2）潜心工作。胜任一份满意的工作，不仅能够直接带给我们物质生活上的保障，同时也能够带给我们心理上的满足感和成就感。因此，无论如何我们都要有一份满意的工作，然后静下心来把它做好。也许你的工作百无聊赖，但是每个人的工作都一样，哪怕把你此时的兴趣变成工作，也总有厌烦的一天，因而静下心来才是最重要的。

（3）热爱生活。什么是热爱生活？其实就是用心观察和体悟身边发生的一切，哪怕只是一缕阳光或是一朵花开，都是无比美好的人生体验。如能如此，生活中的一点小快乐也能让你欣喜若狂，再大的失意你也可以淡然处之。因此，除了繁忙的工作或事业，以及任何你为之孜孜不倦的追求，生活中还有很多值得关注的事物，它们都能够给你带来美好，同时创造快乐。

## 2 轻装上阵，不生气其实很简单

金钱和时间是人生两种最沉重的负担，最不快乐的就是那些拥有这两种东西太多，多得不知怎样使用的人。

——约翰生

生活的真谛原本很简单，只是我们给它赋予了太多的意义，因而才显得沉重而复杂，快乐也因而变得弥足珍贵。其实，不生气很简单，只要我们学会认真品味生活，点点滴滴都弥足珍贵。那些让你觉得如此不合理，因而总是让人生气的事物，也会被你看轻看淡。也许有人会说，我的压力太大了，我的情况也太复杂了。事实上，每个人都有沉重的压力要负担，也都要面临各种各样的情况。这些是我们无法改变的，可以改变的只有我们自己，确切地说是卸下一些没有必要的压力，让自己轻装上阵。

众所周知，外部环境虽然重要，但真正的快乐只能来自内心。如果你关闭了自己的心门，即使外部环境再怎么优越，你的快乐也永远无法自然流淌。在我们身边，总有一种人被大家称为心宽体胖，为什么“心宽”和“体胖”要联系在一起呢？就是因为他们还原了生活的本真状态，把所有事物都看得简单和平淡。但有些人却恰恰相反，他们的内心当中想法太多，就算面临最简单的事物，也会想得很复杂，甚至到了一种越简单越复杂的程度。对此，我们应该时刻告诫自己，很多时候世界并不复杂，真正复杂的只是你自己。

很多人都曾刻意地寻找快乐，在他们看来，只要达成某种目标就是快乐。结果不但无功而返，还凭空添加了空虚和烦恼，或者把某种不健康的行为当成自己的救命稻草。之所以会出现这种情况，就是因为我们没有一个明确的快乐标杆，要么把别人的快乐当成了自己的快乐，要么给成功附加了太多条款，给生活增添了太多压力，同时也给快乐捆绑了太多的束缚。比如有钱人会把名车豪宅当成自己的快乐之本，但代价是没有一个真正的朋友，如果我们看重朋友比看重名车豪宅更重要，那么一旦把名车豪宅当成自己的追求目标，不快乐从一开始就将是注定了的。

德国有一位富翁，生活的压力非常之大，他不仅要照看自己的生意，而且还要平衡家人的关系。一次偶然的机会，他跟随公司员工外出旅游度假，终于在海边美景当中找到了惬意的感觉，从而游遍了世界各地的海滨，成功释放了大部分的生活压力。

一次，富翁来到家乡的一处海滨，这是他儿时驻足时间最长的地方，曾给他的童年带来无穷乐趣。可惜在他成年之后就搬离了这里，曾经的快乐也随之远去，还好当他回来的时候，一切都还是老样子。

就在海边游览的时候，富翁忽然看到了自己儿时的一个伙伴，他和自己一样，也在悠闲地晒着太阳。二人都很高兴，但是富翁对于眼前的伙伴感到很愧疚，因为对方此时已经混成了乞丐，身旁还放着别人施舍的食物和零钱。

富翁对伙伴说："你为什么没有出去闯荡一番呢？你要知道，外面的世界是非常精彩的，不出去恐怕会留下遗憾。"

伙伴却只是悠悠地说："为什么要去外面闯荡呢？"

富翁说："出去闯荡有机会成功啊？"伙伴说："为什么要成功。"富翁说："成功了，就可以像我一样受人尊重。"

伙伴说："为什么要受人尊重？"富翁感到莫名其妙，想了良久才忽然回答说："为了能够悠然自得地在海滩上晒太阳。"

伙伴呵呵一笑，说："亲爱的朋友，我此时在做的事情，不正是你所说的吗？"

富翁如有所悟，感激地对伙伴说："我能为你做点什么吗？"

伙伴当然知道他的意思，但只是朝他摆了摆说："请你站开一点，不要挡住我的阳光。"

我们为什么会生气？很多时候就是因为快乐触手可及，而你却非要翻山越岭地去寻找。伟大的音乐家可能因为一个音符欣喜若狂，伟大的数学家可能因为一个数字而兴奋不已，伟大的诗人也可能因为一个文字而夜不能寐。他们的快乐虽然简单，但是极为厚重，只是因为他们足够专注，也足够简单。因此，在获取快乐道路上，我们的任务不是让事情越来越复杂，而是要让事情越来越简单，这样才能获得更多和更纯的快乐。

当你拥有一颗快乐的心，再去面对压力繁重的生活，面对奔波劳碌的工作，哪怕是做自己最不喜欢做的事情，都能够保持良好的心态。美国著名教育家海伦·凯勒童年时因为一场高烧，只剩下触觉能够与这个世界较量，但是因为她保持了一颗平常心态，不仅让自己置身快乐当中，还通过努力地学习，成为世界闻名的伟大人物。我们虽然没必要成就一番伟大事业，但是如果能够掌握化繁为简的能力，必定能够让自己的人生如虎添翼。

## 3 不要用别人的错误惩罚自己

如果你对一切错误关上了门，那么真理也将将你关在门外。

——泰戈尔

人的一生说长不长，说短也不短，如果我们总是生活在别人的“错误”中，快乐势必逃遁而去。应该说，每个人的生长环境都不尽相同，因而每个人的主观意识也不尽相同，当我们遇到与自己观念背道而驰的人时，大可以道一声“人各有志”而好聚好散。俗话说“物以类聚，人以群分”，眼前的人可能无法交流，但总会有一个人与你的想法和观念相同，只要找到这样的人，自然能够有相见恨晚的感觉。

学会说“不”，是驱走生气的必修课。尤其是对于国人来说，总是碍于面子而无法拒绝别人，哪怕自己的能力根本无法帮助对方达成所愿，也总是在步步后退中选择勉为其难。结果事情办得一团糟，既辜负了对方的期待，耽误了对方的事情，同时也让自己颜面扫地。因此，如果对方所托之事在我们的能力范围之内，并且在客观条件允许的情况之下，大可以念着助人为乐的想法，向对方伸出援手。如果情况和条件不允许，就要坚定“长痛不如短痛”的原则，尽量委婉地表明难处，适当地拒绝对方。

过高的目标和理想也是一种“别人的错误”，比如想要成为电影明星甚至历史英雄，往往需要机遇的降临，光凭一己之力很难实现，哪怕你愿意付出辛劳。要知道，理想可以成为奔向成功的动力，同时也可以成为害人致死的毒药。何况，伟大的事业往往来自平凡，如果我们连眼下的小事都做不好，所谓的理想和目标只能成为包袱而让自己的脚步和心情越来越沉重。

米歇尔是美国内华达州一家税务所的小职员，他每天的工作就是整理和统计各种报表，可谓繁重而单调。由于技术含量较低，他的薪水也非常有限，甚至到了领取社会最低保障金的程度。

然而，就是生活在这种现实中的米歇尔，却有着一个巨大的英雄梦。在他的童年时期，曾经读过华盛顿的传记，因而总是想着有朝一日能够建功军旅，成为一名世人敬仰的民族英雄。为了达到这一目的，他每天的工作即使再累，也会坚持围着小镇跑一圈，以此来保证自己的体力充沛。

第二次世界大战爆发后，随着战火的不断蔓延，美国需要做出的军事动作越来越多，因而兵员需求也越来越大。很快，征兵的通知传到了米歇尔所在的小镇，他立即前往报名，并且很快如愿以偿。

穿上军装后，米歇尔成为一名水兵，经过短暂的训练之后，就被分配到了太平洋舰队，成为了一名潜艇兵。美国正式对日本宣战后，米歇尔所在潜艇奉命深入敌后搜集情报，结果不小心触碰到了日军安放在水底的感应器，因此暴露目标。

很快，日军各种作战武器群集而至，对米歇尔所在的潜艇形成了绝对攻势。既然无法进行军事对抗，潜艇长官只能下令沉到水底，然后关闭所有机器设备，以此来躲避日军的搜索和袭击。米歇尔从来没有遇到过这种情况，他和几个新兵挤成一团，在伸手不见五指的黑暗中等待着命运的宣判。

由于日本人做事严谨，日本军人更是一丝不苟，他们在米歇尔潜艇所在的水域持续搜索了15天之久。15天之后，虽然感应器早已恢复了正常，日军的大部分作战武器也已经回撤，但是这一水域仍然处在日军的密切监视中。这个时候，潜艇的物资储备已经消耗殆尽，潜艇长官只能铤而走险，趁日军不备全力逃窜。

当时的潜艇内已经乱作一团，很多新兵只是跪在地上祷告，米歇尔更是做好了迎接死神的准备。庆幸，因为潜艇长官经验丰富和果断勇敢，潜艇虽然在日军的打击中受了不小的伤，但还是在接应舰艇的帮助下，成功逃过一劫。

此役，很多新兵都得到了锻炼，从此开始了更高层次的军旅生涯。但米歇尔并不在这些人的行列里，当日军潜艇发射的鱼雷擦着米歇尔所在潜艇缓缓游过时，他想起了自己在税务所繁重而单调的生活，但此时的感触却是那样的幸福。

回国之后，米歇尔在税务所度过了平凡的一生，而子女在他墓碑上刻的人生总结，却是“一个快乐的人”。

人生在世，应该建立一个完善的自我，一方面要保持自我的独立，另一方面也要能够与整个世界进行良好交流。这样一来，你就能够找到一个准确的做事尺度和处世原则，从而确保在该进的时候进，该退的时候退，而不是跟着别人的想法随波逐流。否则一旦别人的想法改变，我们就会无所适从，再加上只能听之任之，结果注定生气不已。

应该说，我们认识这个世界并不难，但前提是必须找到一个准确的衡量坐标，而这个坐标的正中心，就是我们自己。认识自己，看似简单，实际上并不容易。一方面我们要对人性有所了解，然后充分克制自己的负面习性；另一方面还要充分考虑客观环境，确保在保持自我的前提下尽量去适应世界。但是在太多的时候，无论是我们身上的优点还是缺点，都会被主观放大。优点显现时就天下无敌，缺点显现时就一无是处，结果只能让自己处于无所适从中大生闷气。

众所周知，世界上没有两片树叶是完全相同的。因而当我们的思想观念与别人发生冲突时，自身应该关注的并不是对错，而是在不同的观念中总结得失，然后从中获取经验。唯有如此，我们才能让自己变得越来越聪明，同时拥有越来越多的快乐。相反，如果我们遇到某人的观点与自己不同，就认为对方的观点是错误的，并且想要“纠正”对方的想法，最终只能徒劳地惹出闲气，甚至为此得罪对方，给自己的未来道路带来不必要的障碍。

## 4 修炼“忍”功，成就“忍者神龟”

小不忍，则乱大谋。

——孔子

每个人都知道“生气是一种负面情绪”，但几乎每个人都曾被生气困扰，这就需要我们完成百忍成仁的修炼。俗话说“忍一时风平浪静，退一步海阔天空”，忍能够让我们避免麻烦，同时修炼较为平和的心态。放纵脾气的爆发，则只能让事情变得越来越糟，同时把自己的心态不断推向负面。应该说，选择忍或不忍，对于我们的性格练成而言，将会是一个分水岭。选择前者，迟早能够让你成为一个和平而快乐的人，选择后者，则注定会让你成为一个暴躁而痛苦的人。

从实质上来讲，忍其实是一种自我疏导，就是在生气的时候想尽办法让自己不生气。这里存在一个最简单的道理就是，无论我们生气与否，很多事情是无法改变的。如果我们总是纠结于眼前的事情，就会越想越生气。如果能够转换不同的角度来思考问题，一件可能引发巨大麻烦的事情，可能就在一忍之间烟消云散了。因此，忍不仅是一种个人修为，更是一种人生智慧。那些遇事能够祭出“忍”字诀的人，就像是一个不倒翁，总是能够在倒下去的同时，积攒起下一次站立的能量。

可能有人会说，如果总是一味地忍让，岂不是要持续地吃亏。说到忍的尺度，通常情况下，忍是为了让自己占据优势，以便能够更好地发起反击。同时，忍也是为了让自己保持一颗安定的心，从而把目光置于全局的高度，而不是偏激地纠结于某事或者某时。我们要知道，生气作为一种负面情绪，很容易恶化成为发怒。而人一旦发怒，就会失去理智，甚至失去最基本的判断能力。

朱元璋是一个心狠手辣且极为多疑的人，创建王朝之前的一班难兄难弟，在开国之后被他屠戮殆尽。可以说，在收回兵权之后，整个天下已经不再有人对他形成威胁，但这个时候却有一个人站出来公开和他唱反调，这个人就是胡惟庸。

胡惟庸虽然资历深厚，且个人才能非常卓越，但是和一班开国老臣比起来，还是要排在末尾。然而，朱元璋却一再容忍他的无礼，不但没有惩罚打压，反而一路将他提拔为大明朝的宰相。



这样的形势，让胡惟庸得到了一个错误信号，那就是朱元璋需要一个人和自己唱对台戏，从而表明他的开明和宽仁。但是在朱元璋心中，一个庞大的剿灭计划已经形成，他当时所要做的事情就是不断地怂恿胡惟庸走上不归路。

朱元璋的忍让，确实让很多人判断失误，由于胡惟庸逐渐得势，越来越多的人开始和朱元璋唱反调，甚至有很多人公开投靠到了胡惟庸的相府。然而，在胡惟庸势力大举发展的同时，一张由锦衣卫编织的情报大网，已经悄然散去，所有和胡惟庸有交集甚至接触的人，都被记上名册，并最终呈现到朱元璋面前。

眼见时机已到，朱元璋终于露出本来面目和真实目的，那就是解除相权，同时剪除所有不忠臣子。很快，大明王朝的几大家族受到牵连，为求自保纷纷交出权柄，包括胡惟庸在内的近万人，都被处以极刑，被贬被罚者更是不计其数。经此一役，朱元璋不仅成功收回了相权，还将可能威胁皇权的势力一扫而光，从而将一个“干干净净”的江山交到子孙的手上。

朱元璋作为一国之君，又把权力紧握在自己手中，在成功处事之前尚且要忍，我们作为一名普通人，又有什么理由随便发脾气呢？要知道，发脾气人人都会，忍人所不能忍，才是我们应该向往和修炼的目标。清朝大臣林则徐以怒闻名，但是在肩负重命的时候，却书写“制怒”二字悬于高堂，以此来提醒自己时刻保持理智，从而确保自己随时能够全面深入地分析问题，然后做出客观合理的应对之策。由此可见，无论到了什么时候，忍字都是有其深刻意义的，对于任何一个期许成功和快乐的人，也都是不可或缺的。

与此同时，忍也和宽容大度存在内部联系，一个能忍之人必定是宽容大度的，而宽容大度无疑能够让我们更好地立身处世。应该说，我们每个人生存于世，都会有意或者无意间建立自己的一套行为准则。但也正是这样的行为准则，让我们在与别人共事的时候，出现各种各样的摩擦甚至矛盾。因此，一旦我们处理失当，原本能够帮助我们更好做事的准则，反而会给自己带来麻烦和负担。为了避免这种情况，我们首先要试着接受别人的想法，同时也要有不断改变的意识，吸收别人的优点和优势，补充改善自己的缺点和劣势。

在处理忍让与否和宽容与否的问题时，我们永远要铭记一条基本原理：那就是别人不会因为你的选择而改变，即便你能够改变一个或几个人，也不可能改变所有人，因而我们能够掌握和改变的只有自己。很多人都曾经历这样的事情，即在受到某人的伤害后，发誓绝对不会原谅他，甚至会想方设法报复他。对此我们应该认识到，只要是伤害你的人，都不会在乎你原谅与否，因而你的选择只是困扰你自己而已。而那些真心需要你原谅的人，却都是在意你的人，如果你拒绝原谅他们，同样是你的损失。

至于报复对方，我们应该换一种思考维度。比如某人让我们吃了亏，那么在未来遇到相同的情况时，我们是不是能更好地进行自我保护呢？所谓“吃一堑，长一智”，别人对我们的伤害从短期看是负面的，但是从长期来看却可以是正面的。如果你总是纠结于某一件事，受到伤害之后必须做出报复行为，一方面很难增加教训和经验，另一方面也会浪费自己的大量时间和精力。等到你终于如愿以偿了，才发现自己所做的一切是那么不值，因为曾经与自己同时同地起跑的人，已经把你甩得远远的。

## 5 打造健康身体，远离负面情绪

健康不是身体状况的问题，而是精神状况的问题。

——艾迪夫人

美国斯坦福大学曾经做过一次实验，研究人员收集了处于生气状态中的人呼出的气体，然后向试验用小白鼠体内注射了1毫克，结果导致小白鼠立即死亡。生气对人体的伤害究竟有多大，由此可见一斑，如果我们想要保持自己的身体健康，远离生气显然是一件刻不容缓的事情。而且生气和孱弱是一对难兄难弟，如果你总是习惯性处于生气状态，身体状况断然没有健康的可能。如果你的身体状态一团糟糕，当负面情绪来袭时，你的抵抗力也将会非常差，由此陷入一个无法自拔的恶性循环。

在生活水平日益提高的今天，越来越多的疾病却开始侵袭我们的健康，这本身就是一件值得思考的事情。应该说，身体健康是一切人生意义的支柱，当我们想要远离负面情绪时，身体健康同样是不可或缺的。至于如何保持身体健康，适当的运动尤其可贵，它不仅能够加速我们的新陈代谢，及时将体内的废物和毒物排出，而且还能够让我们的情绪处于活跃状态，从而使大脑充满活力，进而带动全身快乐地运转。

当然，运动虽然能够带给我们诸多益处，但是具体的运动项目也要因人而异，毕竟我们每个人的体质不尽相同。通常来讲，当我们长期不运动之后，重新开始运动时，最好经历一个循序渐进的过程。以跑步为例，在身体各项指标正常的情况下，第一天跑步10分钟，第二天跑步20分钟，第三天再坚持完成30分钟的跑步。需要注意的是，跑步时间不宜超过45分钟，因为超过这个时间，有可能会损伤你的肌肉组织。接下来，只要你能够持之以恒地坚持下来，就会发现健康的因子正在不断促发你的快乐心情。

针对运动锻炼，我们要有一个基本的摄取和消耗，即我们每天要从食物中摄取一定的能量，以供身体一天的运动消耗。当摄入量小于消耗量时，我们的身体就会越来越削瘦，而当摄入量大于消耗量时，身体就会越来越丰满。因此，只要我们控制好饮食和运动，就能够轻松控制自己的体重，再加之适当的塑身训练，体形的控制也将不是难事。这里我们必须弄清一点，即健康的标准不是美观与否，而是身高和体重是否协调，如果为了美观而放弃健康，同样不是明智的选择。



接下来，我们从整体上把握一下保持健康的基本原则，参考内容为：

（1）充足的睡眠。可能大部分人会觉得，对于生存而言，饮食是最重要的事情。如果你也这样觉得，那就大错特错了，饮食对于我们的生命固然重要，但睡眠显然更重要。人类的生命其实就像是一块蓄电池，睡眠则如同给这块电池充电，如果我们没有做好这项工作，那么电池的工作状态和使用寿命都将不尽人意。从另一方面来说，睡眠充足绝不是无限制的睡眠，因为睡得太足和吃得太饱都会损害我们的健康。

（2）合理的饮食。人活着不是为了吃饭，但吃饭是为了活着，人生在世谁都少不了要吃饭，但如何吃饭才是健康的却少有人知。通常来讲，我们要把握三点要素，首先是合理的膳食选择，其次是合理的膳食搭配，最后是合理的膳食时间。其中，合理的膳食选择要根据我们的身体特征确定；在此基础上，我们也要了解到每样事物的基本特性，以便完成合理的膳食搭配，同时防止不同事物发生特性排斥；接下来就是进食时间，大的原则是少食多餐，即每天多吃几次，每次少吃一点，睡前尽量不要吃喝饮食。

（3）适当的锻炼。所谓“生命在于运动”，任何医药都不如自身免疫力来得直接，而运动锻炼显然是增强身体免疫力的最佳方法。如果你总是在日常生活和工作中感到精神萎靡和身体乏力，每天早晨跑步半小时将会让你显著改善自己的身体状态。而如果你每天需要进行沉重的脑力劳动，学会适当地转移注意力，并且做一些有助于放松神经的运动，对你的健康是非常有益的，比如瑜伽和太极等。

（4）知识的储备。这里所说的主要指医学知识，我们虽然没必要用医生的标准要求自己，但是一些基本的医药常识还是要有所了解。比如常见的感冒是风冷型还是风热型，身体的虚弱是阴虚还是阳虚，物理治疗和医药治疗的临界点在哪里，自己对于什么样的食物和药物过敏等。与此同时，我们还应该在家中常备一些急救药物，并且定期更新更换。比如处理简单伤口的消毒水和包扎带，将有助于我们在遇到突发情况时，及时进行处理，从而把损失降到最低。

（5）良好的心态。对于一个健康的人而言，心态只可能有两种情况，一种是处在快乐之中，一种是寻找快乐的途中。千万不要以为我们身边那些整天嘻嘻哈哈的人完全没有烦心事，他们只不过是把那些事情主观屏蔽掉了。因为他们很清楚，自己追求的目标是快乐，任何有悖于这一目标的事情，都应该敬而远之。对于我们每个人来说，快乐的心境也许无法在短期内获得，但是只要我们拥有寻找快乐的意识，并且持之以恒地努力，迟早会变成一个乐观向上的人。

（6）不同的环境。相信很多人都曾有过这样的生活经历，即哪怕面对再美味的食物，在接连享用之后，也会觉得厌烦。食物如此，我们周边的环境同样如此，所谓“熟悉的地方没有风景”，陌生的地方总能带给你不一样的感受和思考。当你游遍天下之后，可能会觉得最美不过自己的家乡，但是在这个想法出现之前，游遍天下也许才是你最该做的事情。因此，当你的心情无比低落时，不妨背起行囊，到陌生的天涯海角去换换环境，从而改变一下心境。

## 6 好心情是可以打造的

最惨的破产就是丧失自己的热情。

——阿诺德

我们每个人都会对好心情充满期待，甚至可以说我们所做的任何事情，都是为了让自己有一个好心情。可是各种各样的负面情绪总是如影随形，只要我们稍不注意，就会被它趁虚而入。然而你相信吗？任何一种负面情绪都是你主动选择的结果，只要你明确地对负面情绪说不，它就不可能趁虚而入。同理，当你希望自己能有一个好心情的时候，也可以根据自己的主观意愿去争取。比如吃一顿大餐，来一次远行，买一件漂亮的衣服，只要是能够给你带来好心情的事情，都可以拿来一试。

沙特阿拉伯有一个受人尊敬的老修士，他每天来到镇上帮助大家做事，晚上回到海边的小房子里修行。

有一个小修士慕名前来拜会，向老修士请教修行的法门，希望借此得到提升。老修士并没有多说什么，只是让他单独去镇上帮助人，晚上回来修行即可。小修士将信将疑，但还是按照老修士的建议去做了，并且尽心尽力。

当天，小修士回到海边小屋，老修士只是问了他一个问题：“今天你快乐吗？”

小修士说：“我很快乐，得到我帮助的人都很感激我，我成了镇上最受欢迎的人。”

老修士说：“那好，把快乐的事情刻在石头上，永远记下来吧。”

小修士照做。

第二天，小修士归来之后，老修士问了同样的问题，但小修士却回答说：“我今天很不开心，因为遇到了一个无赖，他还无故打了我。”

老修士说：“也好，把不快乐的事情写在海滩上吧。”

就这样，时间很快过去了一个月，小修士实在忍不下去，询问老修士什么时候可以开始正式教导自己。老修士却告诉他说：“我从第一天就开始正式教导你了，只是你自己不用心，没有发现其中的奥妙罢了。”说完便起身回屋了。

当天晚上，小修士独自一人在海边思索，并且第一次因为老修士的敷衍而生气，按照习惯写在了海滩上。可是他忽然发现，当海水来袭又退去之后，他写在海滩上的“烦恼”被冲刷不见了。而他身后，那些刻在石头上的“快乐”，却任凭风吹雨打，始终清晰地留在上面。

小修士瞬间大悟，老修士之所以让他把“烦恼”写在沙滩上，却把“快乐”刻在石头上。就是要告诉他，当烦恼来袭时，感触一番即可，然后就要及时忘掉。而对于那些快乐的事情，则应该永远记在心间，如此就能够拥有一片澄清而宁静的内心世界。

事实上，我们每个人一生中遇到的快乐和烦恼，其几率是基本相同的。没有人可以永远沐浴在快乐当中，同时也没有人会永远深陷痛苦，不同之处只在于我们记住的快乐居多，还是记住的痛苦居多。放眼我们身边那些每天洋溢着快乐心情的朋友，难道他们就不曾遇到一点烦心事吗？难道他们的境遇就一定比我们好吗？答案恐怕是否定的。那么，为什么他们能够时刻保持快乐，并且把正能量带给身边的每一个人呢？就是因为他们能够从主观意识上屏蔽痛苦，同时不断吸收快乐因子。

通常来讲，我们之所以会产生痛苦，大致有三个方面的原因，参考内容为：

（1）不能一视同仁。当你遇到了自己喜欢的人和事，就会怎么看怎么顺眼，即使有缺憾也会被你主动忽略掉。当你遇到自己不喜欢的人和事，就会怎么看怎么不顺眼，即使有优点也丝毫无法赢得你的好感。换句话说，当你判断一项事物的时候，很容易掺入个人感情成分，从而在不知不觉中偏离客观事实。比如你可能会觉得自己的付出和回报不成正比，甚至觉得比我们付出少的人反而比我们获得的多，因而产生心理不平衡。但是如果你能够站在客观角度去想，分配利益的人一定是站在全面角度进行客观衡量的，我们的付出也可能确实没有别人的多。

（2）总是活在过去和未来当中。可能你做过一件错事，并且给自己带来极大现实损失和心理影响，因而总是念着这件事苦苦不能解脱。也许你的现实一片灰暗，因此总是觉得未来毫无光明，一点希望都没有，因而每一分每一秒都活在痛苦当中。实际上，过去的事情已经发生，未来的事情谁也说不清楚，我们唯有把握好当下，才能避免自己在将来再次产生悔恨。何况，我们真正能够把握的，也仅有当下而已，过去和将来绝不应该成为我们消极面对人生的借口。

（3）无法摆正自己的位置。对于任何一个人来说，最大和最多的痛苦来自哪里？其实就在于诸多不合理的追求，而这又往往来源于我们无法摆正自己的位置。俗话说“人贵有自知之明”，如果你对自己都不了解，还能期待了解些什么呢？日本著名企业松下集团创始人松下幸之助曾经有一次检查工作，当他看到卫生没搞好的厂房时，不但没有生气并责备相关负责人，而且拿起工具带头搞起卫生来。然而，放眼当前社会，高不成低不就已经成为太多人的通病，归根到底就是摆不正自己的位置。

总而言之，无论是好心情，还是坏心情，其最初的形成原因必定都来源于我们自己。你可能觉得某个人或某件事糟糕透顶，但是这就能够成为你情绪波动的理由吗？在你的身边，多少人面对同样的境遇，为什么跳出来的人偏偏是你？难道客观环境真的如你所想，可以让每个人暴跳如雷吗？其实，当你能够静下来思考的时候，就会发现一个最简单的道理：世间的万事万物之所以存在，都会有它存在的道理，如此我们就能够觉得它是合理的，从而保持情绪稳定。如果你想要改变它，也不是不可能，但首先必须要弄清它存在的道理，然后才能见机行事。

## 7 懂得放手，才能学会拥抱

死死攥紧的时候，拳头里什么都没有。放开手，全世界都在手上了。

——何炅

我们常说“死要面子活受罪”，就是说很多人总是顽固地抓住一些东西不放，为了得到表面的光鲜宁愿受苦受累。应该说，好面子就是希望得到别人的认可，从而实现自己的人生价值，这本是理所应当的。但凡事都有个度，如果一个人太要面子，那么面子本身就会成为他的负担。一路强撑下来，不仅自己受苦受累，最终也只会将面子丢得更彻底。这些人总会在一些无关紧要的事情上纠缠不已，在需要谦虚恭谨的时候大摆排场，甚至明知道自己做错了却仍然死活不改。

为什么会有人如此在意自己的面子问题呢？就是因为他们把面子当成了自己的全部寄托，他们会觉得一旦丢掉面子，自己就会丢掉一切。因此，为了保住自己的面子，他们会不惜一切代价，有时候甚至会达到丧心病狂的地步。其实，这样的做法无异于把自己置于两难境地，可谓进也不是退也不是，只能在一线夹缝中苦苦支撑，直到最后一根稻草落在不堪重负的背上。更加恐怖的事情是，当你的面子轰然倒塌后，强大的心理落差很可能让你接受不了事实，从而做出一些极端的事情。

北京某大型超市新来了一位年轻的经理，他做事严肃认真，勤勤恳恳，得到领导的一致好评。但是有一次，由于疏忽大意，他算错了一个很小的账目。恰好问题发现时他请假不在，打他的手机又关机，他的下属只好把问题向上反映。

上班之后，领导找年轻经理谈话，希望他在以后的工作中更加认真。这本是一次无足轻重的工作谈话，上级领导也没有太多责怪他的意思，更没有想过惩罚他。但是年轻经理认为自己的尊严受到了挑衅，他避开主要问题不谈，一再强调那名下属不应该越级上报。

领导肯定了他的说法，但是由于他的态度问题，对他的错误批评也加重了语气。事后，年轻经理用尽各种手段排挤那名下属，直到二人的矛盾彻底公开化。公司经过权衡，最终还是调走了那名下属，但是领导层对年轻经理的印象却蒙上了一层阴影。

一段时间之后，年轻经理又出现了一次工作失误，领导层也按例找他谈话。没想到这位年轻经理在领导办公室大发雷霆，他用极高的声调质问领导，自己作为超市经理，三番五次地被叫到领导办公室谈话，员工们该怎么看待自己。而这个时候，领导层已经对他的错误进行反复核查，并最终核实的确存在问题。

由于谈话无法继续，领导只得召开紧急磋商会议，最终结果是对年轻经理通报批评，同时希望他“戴罪立功”。如此一来，年轻经理的负面情绪越来越极端，基本上已经没有心思继续工作，错误也是接二连三地出现，最终他只能选择主动离开超市。

通过仔细分析，便不难发现，最终导致年轻经理离开超市的，并不是两次微不足道的错误，而是他面对错误时的抵触情绪。而当我们深层透视这种抵触情绪时，就会发现死要面子的“毒药”已经侵入年轻经理的五脏六腑。不难想象，如果他能够正确认识自己的领导尊严，在错误出现之后积极诚恳地改正，而不是去为难照章办事的下属，哪怕在二次错误出现后，他能够管住自己的情绪，积极面对领导的批评，同样可以赢得下属的尊重，更不至于就此离开前途无量的工作岗位。

在我们每个人的身边，同样有很多这样的人。他们在犯了错误之后，首先想到的不是诚恳的道歉，而是把责任撇清，并以此来保住自己的面子。相信我们在遇到这样的人时，都会清晰指出他们身上的问题所在，甚至笑谈他们的不成熟。然而，同样的事情发生在自己身上，我们的心态和认识就大为改变了。我们所寻找的借口，会被认为是经得起推敲的，我们所做的事情，会被认为是理所当然的，就连我们清晰认识到的一些错误，也是情有可原的。由此可见，对于大多数人来说，放下手中紧握的东西，确实不是一件容易的事。

其实，我们应该经常问问自己，那些看似重要无比的东西，难道真的无法舍弃吗？如果我们舍弃了看重的东西，世界末日真的会临头吗？答案恐怕是否定的。太多的时候，我们之所以会看重一些东西，也许仅仅是因为别人看中这些东西，自己却可能连喜欢都谈不上。这个时候我们就应该扪心自问了，自己真正想要的到底是什么，自己目前所苦苦抓住的，能不能帮助自己达成所愿。如果你的答案是否定的，那么就要把手中紧握的东西放开，然后才能转身去找寻那些真正想要的东西。

应该说，很多人之所以抓着一些东西不放手，也是有缘由的。

比如某个歌星，曾经因为一首歌的演唱而红遍大江南北，由带给他的万千荣耀最终化为全部寄托。然而在接下来的事业生涯中，他再也找不到这样的好歌，甚至自己的嗓音也不再优美动听了。这个时候，尽管他还在苦苦坚持，但自己心中也已经明白，辉煌将不再光临自己的世界。因此，他的情绪会长期处于消极当中，一旦遇到不顺心的事情，立即就会暴跳如雷。对于我们每个人来说同样如此，曾经的辉煌只能带给我们曾经的快乐，在那之后很可能是不尽的痛苦。唯有放手，从接受眼下的事实开始，认真对待自己的人生，才能得以解脱。

## 8 勇于认错，善莫大焉

> 我们比较容易承认行为上的错误、过失和缺点，而对于思想上的错误、过失和缺点则不然。
>
> ——歌德

古语有训：“人非圣贤，孰能无过。”人际交往复杂纷乱，我们涉足其中的时候，难免会犯一些错误。尤其是对于一些年轻朋友来说，带着一身“初生牛犊不怕虎”的锐气，很容易把话说过头，把事做过分。一旦遇到外界刺激，冲动之下就会做出让自己后悔的事情，碍于面子，又不愿承认错误。对此，我们要给自己悬挂一口警钟，时刻告诫自己，犯错不可怕，可怕的是让犯错成为遗留问题。这就需要我们勇敢地承认错误，并且用诚意得到对方的谅解，及时把问题解决掉。

还有些人可能会觉得，朋友之间亲密无间，不必过于在意一些小节，动不动就道歉反而显得矫情。实际上，友谊的建立和巩固需要一次次帮助和谅解，而不是一次次伤害和误解，真正的不拘小节应该是在自身利益受损时表现出来，而不是在自己犯了错之后。要知道，很多亲密无间的朋友最后反目成仇，起因都很可能是一件非常小的事。你对朋友做了一件错事，并且没有及时表达歉意，可能只是生出芥蒂。但是当你一次又一次地这样做，芥蒂就会成长为矛

盾，直到有一天发生冲突。

而实际上，在第一个错误犯下时，只要你一个歉意的笑容，哪怕只是一句简单的询问，完全可以避免这样的情况出现。如果能够在犯错之后及时道歉，不仅可以消除对方的怨气，同时还可以树立自己的良好形象，以便让自己在朋友圈中赢得好口碑。当然，道歉不能仅限于口头表达，还要深化为内心认识，并且落实到之后的实际行动中。在此我们要记住，与朋友交往过程中，最重要的一点原则就是要得到对方信任。因此，我们在判断某事的时候，不要纠结于对错，只要有失信于人的可能，就要勇敢地站出来表达歉意，并且坚决予以改正。

爱因斯坦是闻名全球的物理学家，他为世界做出的科学贡献，在整个人类历史上都堪称伟大，这同时也为他赢得了光辉的荣誉。然而谁能想到，这位巨人般的物理学家，也会犯下一些错误，并且是在他的专业领域。

1917年，荷兰物理学家德西特发表宇宙动态学说，认为宇宙万物是处于时刻变化当中的，要么是在膨胀，要么是在收缩。爱因斯坦对此持完全否定的观点，他认为宇宙是处于静态当中的，宇宙万物也都是永恒不变的。这也是当时物理学界的传统观点，同时得到了已经确认的观测结果的支持。

为了捍卫自己的观点，爱因斯坦一面研究新理论，一面发表反驳对方的观点。由于爱因斯坦已经在物理学界取得崇高学术地位，并且得到了很多学界耆宿的支持，他的观点在当时长期处于主流。因此，在1922年和1927年，美国和比利时的两位物理学家相继提出宇宙动态论，都没有引起世人的关注。

1929年，美国天文学家哈勃发明远距离望远镜，观测到恒星和地球的距离越来越大，从而有力地证明了宇宙动态论。在事实面前，爱因斯坦丝毫没有辩解，并且坦率地承认了这是自己一生中所犯的最大错误，同时收回了自己的错误理论。

事后，爱因斯坦的名誉不但没有被损害，反而因为他勇于认错的态度，进一步得到了人们的爱戴。后来，爱因斯坦还曾郑重地表示，自己的理论不会永远站得住脚，自己的观点也不会永远正确。如今，爱因斯坦之所以能够享誉全球，固然离不开他在物理学界的伟大贡献，同时也离不开他知错就改的高尚品德。

由此可见，道歉也可以成为一门社交的艺术，同时让我们自己保持良好的心态。因而我们要反躬自省，是否曾经无意当中做过错事，伤害到了自己的朋友，但是由于种种原因，却没有及时得到对方的谅解，直到失去了这位朋友才后悔莫及。同理，当我们被自己的朋友伤害后，又是否在等待着对方的一个道歉，然后就可以原谅他们。要知道，学会道歉是一个人真正走向成熟和成功的开始，因为没有人能够永远不犯错，而道歉就是我们面对错误和解决问题的有效方法。

退一步讲，当别人想要指责我们的时候，如果我们能够主动站出来认错，就可以有效地封住对方的嘴。需要注意的是，你主动站出来认错，真正的目的不是为了应付别人，而是要争取对方的谅解和宽恕。因而我们一定要带着诚意，要全面深刻地认识到自己的错误，绝不能带有情绪，更不能带有反问甚至质问的口气，因为这不但无法解决问题，还会让问题更加棘手。很多时候，我们的错误在对方眼中绝非不可原谅，他们更关心的是我们的态度，只要态度得到了他们的认可，所谓的错误也许根本不足挂齿。

简单来说，如果我们做了错事，辩解和逃避只会招致更多人更严厉的指责，最终要承担的后果可能也要严重得多。但是如果我们能够主动承认错误，并且态度良好，别人的指责就会无的放矢，他们会说："你看，他已经承认错误了，谁的一生中还能一点错误都不犯呢？"这个时候，我们再适时做保证，一场风波也就这样平息了。等到下次面临同样事情的时候，我们再切实兑现自己的承诺，别人对我们曾经犯下的错误不但不会计较，反而会对我们好感倍生，就好像我们曾经做了一件值得骄傲的事情。

如此一来，我们的人际关系怎能不融洽，我们的脾气又怎能不平和。

## 9 吃亏本是福，和气修人缘

世界上1%的人是吃小亏而占大便宜，而99%的人是占小便宜吃大亏。大多数成功人士都源于那1%。

——于丹

俗话说："林子大了，什么鸟都有。"我们所处的大千世界，也会有形形色色的人，我们想要在这个社会上安身立命，就不能想着只和自己喜欢的人来往，而是要懂得与每个人来往。有时候，为了达到自己的目的，哪怕吃一点小亏也无所谓。切忌总是斤斤计较，遇到一点损失或刺激就暴跳如雷，非要争个你胜我负，甚至拼个你死我活。要知道，人与人之间的交往是一个漫长的过程，偶尔吃一次小亏只是暂时的，下一次得到莫大的帮助和好处，很可能就是因为吃了一点小亏。因此我们可以说，一个懂得吃亏的人，要远远比那些懂得占便宜的人更聪明。

何况，有些时候我们自认为是吃亏，其实只是主观意识上的偏见，实际上很可能是因为我们不了解别人。对此，最鲜明的一个表现就是，当某个人表达了一个观点的时候，我们却抱有不同观点，因而以同意别人的观点为吃亏，并且因此大生怨气，甚至发生情绪波动，做出激烈回应。著名心理学家卡尔·罗杰斯曾经在自己的著作中提到，当我们真正开始尝试着去了解别人的时候，绝大部分怨气都会消解于无形。我们由此得出结论，怨气和吃亏是一对难兄难弟，只要我们正视其中之一，就能让另外一个无所遁形。

可想而知，我们大多人在思考问题时，都会习惯于以自己为中心。如此在遇到不同观点的时候，就会觉得自己受到了侵犯，接下来势必要进行还击。其实，一个人的观点通常是不够全面和深入的，只有若干个人的观点糅合在一起，才能得出一个成熟的方案，这也是集体之所以存在的意义。因此，当我们“奋不顾身”地维护自己那经不起推敲的观点时，失去的可能不仅仅是真挚的友谊，还有评判是非的基本能力。你会因此感到委屈，甚至产生怨气，觉得维持友谊就得让自己“吃亏”，直到下定决心不再“吃亏”，朋友也消失得无影无踪了。



1930年，美国经济进入大萧条时期。商人们为了各自的利益，都在竭力降低成本并抬高价格，这直接导致的后果就是商人与顾客的关系对立，因而矛盾越来越突出，同时也为美国经济蒙上了又一层阴影。

然而，就在这种极端不利的市场情况下，做了7年仓库管理员工作的蒙·察思忽然辞职，开始着手开创自己的水果生意。蒙·察思的想法很简单，他要做老板，要赚更多的钱。但是让所有人惊奇的是，蒙·察思的水果出售价格极低，几乎就是全美最低零售价。

尽管蒙·察思的生意非常红火，但是明眼人很快发现了他的秘密，那就是蒙·察思在零利润销售。所谓零利润，实际上就是赔钱经营，因为蒙·察思选择的是相对繁华的地段，无论是房租还是水电等费用，都是非常高的。因此，同行们都觉得蒙·察思丝毫不懂生意经，等着看他的笑话。

果然，半年之后，蒙·察思的水果店经营不下去了，终于在顾客的惋惜声中关门大吉。但是，房租还没有到期，蒙·察思又开始做干洗生意，总的经营策略仍然是价格最低。之前的事情很快上演，蒙·察思的干洗店生意兴隆却不断赔钱。这样又过了半年，干洗店也经营不下去了，蒙·察思只好再次转行。

这一次，他经营的是小商品生意，出售价格仍然非常低廉。顾客们对蒙·察思的赔本经营方式已经形成思维定势，很多心地善良的人甚至觉得很对不起他，因而小商品生意同样被蒙·察思做得风生水起。不过这一次，蒙·察思却没有赔本经营，而是增加了少许的利润，至少能够保证不赔钱了。

如此再经过几次折腾，蒙·察思的商品价格已经足够高，但是他的生意却越做越好，同行们也终于明白了蒙·察思其实是老谋深算的。

吃亏就是吃亏，只是小孩子都不愿意接受的事情，为什么说成是福气呢？道理其实很简单，我们要用吃亏换取更大的占便宜。古语有云："将欲取之，必先予之"，当你明确了自己想要从对方那里得到什么的时候，如果只是开口直接要，恐怕会被对方一口回绝。东西是人家的，平白无故给你怎能说得通？既然说不通，我们就要想一个说得通的办法，那就是给对方一些好处，投其所好，送其所需，最终让他觉得自己欠了你的。一次不行就两次，两次不行就三次，总有一天对方会主动把我们想要的东西送上门。

在与人沟通的过程中尤其如此，所谓争论不休，并不会产生最终的胜者，辩论双方都会在争论过程中越来越坚守自己的观点。这就像是一场战争，当序幕拉开之前，双方都会觉得自己占据了道义的制高点，战胜本身就成了伸张正义的神圣事件。如果胜利了，自然普天同庆，如果失败了，也会默念知耻后勇，准备东山再起，仇恨只会越来越浓重。因此，战争就不会有胜者，唯一保持胜利的方法就是避免战争。同理，当我们可能与某个人陷入争辩的时候，最好的做法也是避免开口，哪怕“吃亏”让对方说个痛快，只要保证和和气气的结局即可。

佛家说：输和赢并不重要，重要的是谁赢得了人心。如果无法赢得人心，什么样的胜利都是失败，什么样的得到都抵不过失去。在与人交往的时候，如果我们能够保持这种心态，就不会觉得吃亏无法接受，只会觉得和和气气才是最重要的。道理很简单，当你能够处处吃亏的时候，实际上等同于每个人都欠你的，这不仅能够保持一团和气，同时也能够在你有需要的时候，能够轻易索取。所谓大智若愚，这个“愚”字就体现在吃亏的艺术上，因为他们懂得和气才是硬道理。

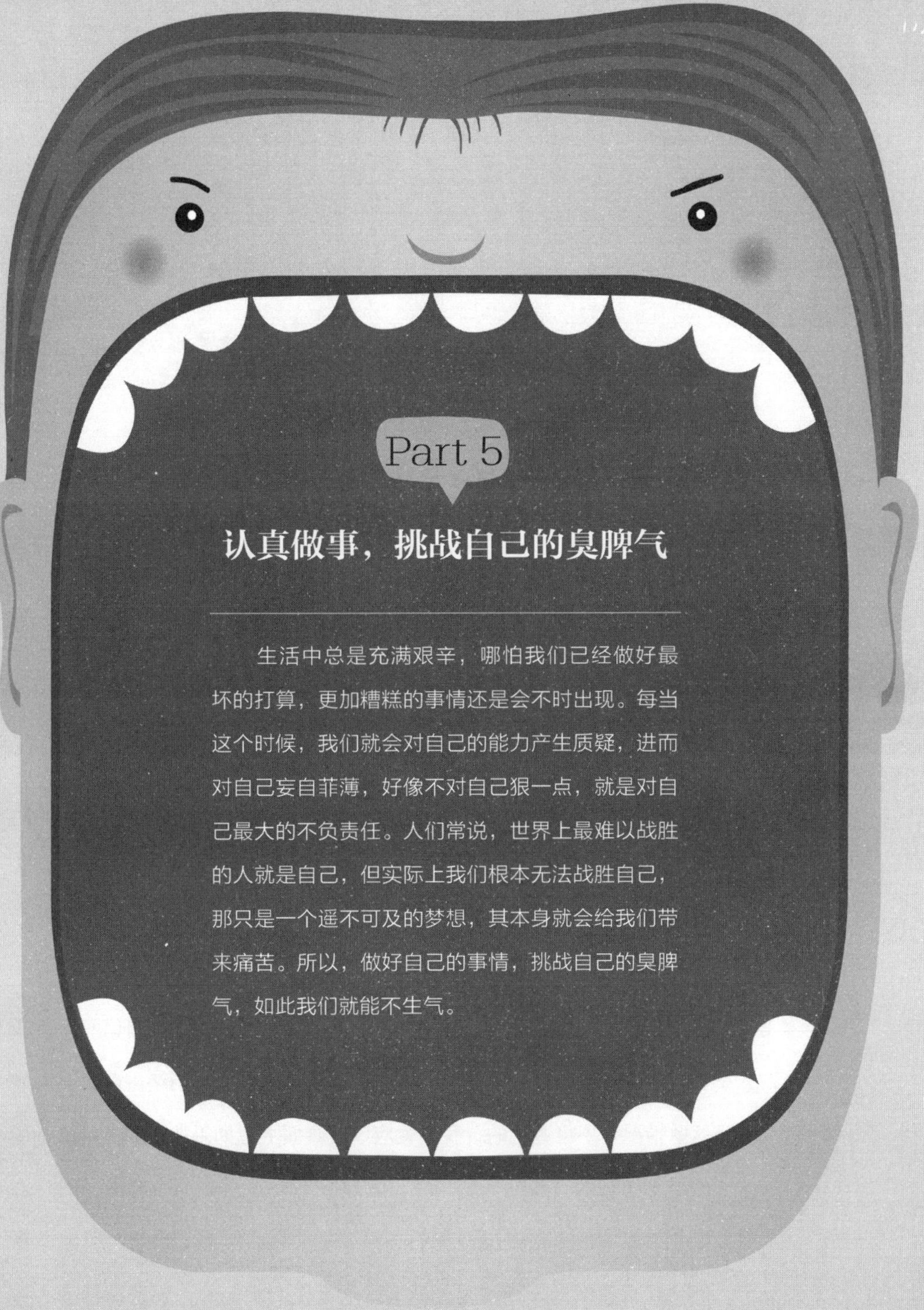

Part 5

# 认真做事，挑战自己的臭脾气

生活中总是充满艰辛，哪怕我们已经做好最坏的打算，更加糟糕的事情还是会不时出现。每当这个时候，我们就会对自己的能力产生质疑，进而对自己妄自菲薄，好像不对自己狠一点，就是对自己最大的不负责任。人们常说，世界上最难以战胜的人就是自己，但实际上我们根本无法战胜自己，那只是一个遥不可及的梦想，其本身就会给我们带来痛苦。所以，做好自己的事情，挑战自己的臭脾气，如此我们就能不生气。

# 1 痛苦不可怕，逃避痛苦才可怕

> 多受痛苦的折磨，见闻会渐渐增多。
>
> ——荷马

从科学角度来讲，痛苦通常由两部分组成，一部分是我们面临的境遇，另一部分则是我们面临种种境遇的态度。换句话说，如果我们面对种种境遇的态度符合客观规律，那么即使身处糟糕的境遇，也能够保持良好心态。相反，如果我们无法保持合理态度，即使面临美好的境遇，同样会让自己陷入负面情绪当中。这就要求我们必须调整好自己的情绪，知道什么时候应该选择面对，也要知道什么时候应该选择放下，这样才能坦然地接纳痛苦，让自己“百毒不侵”。

要知道，在我们每个人的生命当中，总有一些事情是不可控的。比如最典型的生老病死，我们都要一一经历，或者发生在自己身上，或者发生在至亲至爱的人身上，都会给我们带来强大的情绪震荡。而既然这些情况是不可避免的，我们就应该迎难而上，如果选择消极对待，显然是不明智的。身处痛苦当中，情绪变糟是在所难免的事情，同时也是无可厚非的事情。但是我们必须要有一套科学的“疗伤”机制，我们要让自己保持理智，要告诉自己这是在所难免的，要告诉自己还有大把的美好光阴等着自己，绝不能长期地纠结于此，如此才能尽早地走出阴霾。

通常来讲，痛苦很大一部分来自抵触，实际上这也是一种逃避。我们以疾病为例，很多人在感到不舒服后，都会觉得自己身体一向很好，因而忍忍就过去了。开始的时候可能因为身体状况比较好，一忍之下就真的过去了，但是长此以往，小病迟早会演变成大病，届时就会为你带来身心上的极大痛苦。正确的做法是及早就医，当然最关键的目的是要弄清怎么回事，然后在生活和工作当中予以纠正或避免，如此才能让病痛远离自己。疾病如此，其他很多事情同样如此，只要我们觉得哪里不对劲儿了，就要及时弄清原因，然后对症下药，彻底把问题解决，而不是抵触或逃避问题，那样只能让问题最终升级到不可控的局面。

艾米丽是一位瑜伽教练，她身形纤长，体态匀称，看上去尽是健康和活力。一次，为了挑战高难度动作，她不小心拉伤了肌肉，巨大的疼痛感袭遍周身，一时间让她坐卧不能。医院的检查报告很快出来，这次肌肉拉伤非常严重，甚至压迫到了很多神经组织，血管组织也有不同程度受损，医生建议她此后不要再做剧烈运动。

作为一名瑜伽教练，这样的诊断结果无疑对艾米丽的工作亮起红灯，从而使她的情绪受到巨大影响。除此之外，瑜伽和诸多户外运动，也是艾米丽的爱好所在，这些运动不仅为艾米丽带来了身体的健康和美丽，同时也让她的精神世界充满活力。因此，艾米丽简直不敢想象，如果自己从此不能运动，接下来的日子该怎么过。

很快，艾米丽的情绪陷入极度负面当中，这也让她的伤痛越来越严重。如此一来，治疗力度越来越大，她的伤情却越来越严重，甚至恶化到不得不动手术的程度。在学心理学的丈夫的帮助下，艾米丽读到了一本心理学书籍，里面恰巧有一段关于情绪和伤痛的论述。大体意思是，尽量给自己调整情绪，并且进行适当活动，这样就能够抑制有害腺体的分泌，同时防止肌肉萎缩，并且让身体的修复功能进入最佳状态。

由于手术可能带来更严重的后果，艾米丽决定先按照书上的疗法试一下。于是，她首先对伤痛部分进行按摩，然后进行适当地走动，并恢复了简单的工作练习。惊人的效果很快出现了，艾米丽发现她的身体并没有自己想象得那么糟糕，一些简单的动作不但没有加剧她的疼痛，反而一定程度上有所缓解。这让艾米丽的情绪大为好转，再进行一段时间的康复训练之后，艾米丽的身体恢复如初。

在现实生活和工作中，之所以很多事情会困扰你，就是因为你一头扎进了为自己挖掘的陷阱，两只眼睛都被事情蒙住了。只要你放下纠结，站在更高的角度去审视当下，或者哪怕是换个角度去思考问题，也会发现事情并没有你想象的那么糟糕。换句话说，之所以你觉得事情会很糟，实际上仅仅是自己一厢情愿想象出来的。要知道，对于我们来说，只要不是世界末日或者自己的生命安全受到威胁，大多数事情并不值得大惊小怪。所有的一切都将归于平淡，哪怕是那些曾经让你心潮澎湃的非凡时刻。这就像是水一样，它可以被煮沸，也可以被冰封，但是在常温状态下还是会恢复原貌。因此我们要时刻谨记，伤患虽然不可避免，但痛苦却可以掌握。

心理学家已经研究表明，痛苦对人体的伤害，分为事实伤害和想象伤害两层。比如你做生意失败了一次，这本来是很平常的事情，只要你善于总结失败经验，并且拿出战胜失败的勇气，迟早能够获得成功。但是在一次失败之后，你却认为社会不公平，对手太狡诈，或者时运不济，甚至认为自己的能力有问题，那么只能和成功渐行渐远。在此，生意失败直接造成的损失，就是事实伤害层面，而我们如何看待失败，就是想象伤害层面。

由此我们也可以得出结论，失败或痛苦并不可怕，他们只不过是我们走向成熟和成功的必然经历。如果我们把失败和痛苦通过自己的想象无限放大，一直到自己承受不了，并且首先在精神上陷于被动甚至崩溃，那才是最可怕的事情。所以，我们不仅要勇于迎接挑战，更要勇于面对和接受失败，时刻守住自己面对痛苦的心。这里有一个典型的案例，那就是失眠患者，他们之所以失眠，就是因为担心太多的事情，包括对失眠本身的忧虑。而实际上，失眠并不是一种严重疾病，我们每个人也都或多或少存在失眠症状，甚至都曾经历过严重的失眠。那么，为什么我们的失眠症没有影响到自己呢？答案其实很简单，那就是我们不再担心它了。

## 2 活在当下，抓住现在

把活着的每一天看作生命的最后一天。

——海伦·凯勒

如果你问佛，人的一生当中哪个时刻最重要，他一定会告诉你，不在过去，也不在将来，而只在当下。这绝不仅仅是一则禅机，同时也是我们每个人的生命真谛，更应该成为我们每个人的信仰。要知道，过去的事情已经发生，不管我们如何努力，都不可能再去改变。而将来的事情都处于未知当中，哪怕我们费尽心机，也不一定能够得到想要的结果。因此，适当地为过去负责，以及适当地为将来谋算即可。如果花费太多的精力在过去和将来，只会让你忽略当下的重要性，毕竟只有当下才是你能把握的。

苏格拉底把那些能够活在当下的人，称为“觉醒”的人，认为这些人能够承受苦难，并且因此而内心强大。事实的确如此，当我们审视自己的痛苦时，就会发现它大多来自于过去或者将来，而我们之所以在过去和将来种下这些痛苦，正是因为忽略了当下。然而对于很多人来说，他们对于自己的过去总是抓在手里不放，这不仅包括遗憾的事情，同时也包括荣耀的事情。听上去也许不可思议，过去的荣耀怎么可能让人痛苦呢？事实上，曾经的光环会成为这些人衡量世界的标准，只要达不到这个标准，他们就会痛苦不堪，而实际情况早已不允许他们创造辉煌了。

至于未来，我国古人有句至理名言，叫作“船到桥头自然直，车到山前必有路”。你可能会觉得，未知的因素太多，多到自己完全不能把握。或者觉得眼前的事情太坚硬，坚硬到你无力改变，因而觉得没有丝毫希望。对此，我们反倒是应该向动物学习，科学家的研究表明，没有一种动物会主动选择死亡（也就是自杀），哪怕生命已经到了最后一刻也要奋力抗争。可以说，一个成功的人生并不要求我做到最好，而只要求我们做到最好的自己就可以了，你又何苦用过多的条条框框来为难自己呢?

约翰是一位典型的成功人士，他有轻松体面且回报丰厚的工作，有一位漂亮的妻子，还有一座美丽的大房子和一辆高级轿车。然而，这些在别人看来代表成功的符号，却并不能为约翰带来幸福，甚至成功的符号越多越让他感到痛苦。

原来，约翰从小生活在一个支离破碎的家庭，父亲老约翰是一个酒鬼，经常在喝醉之后毒打他。约翰还有一个小他4岁的妹妹，兄妹俩的感情很好，但是由于受不了父亲的虐待，她在16岁那年投湖自杀了。那可真是花儿一样的年纪，这件事对约翰的打击非常大，甚至超过了他的母亲离家出走。

生活中，每一次境遇的改善，都会让约翰想起自己的妹妹。比如买了一套大房子，或者买了一辆轿车，再或者外出经历一次旅行，他都会想，自己的妹妹永远没有机会享受眼前的美好了。因此，越是值得高兴的事情发生，约翰就越是感到伤心，这也让他的妻子越来越难以接受。

一次，约翰独自在海边迎着风流泪，因为妹妹曾经不止一次说过想看看大海，这也是她选择投湖自尽的原因，但她毕竟一辈子没有见到大海。忽然，像是妹妹在天之灵对他说了什么似的，约翰内心当中一个声音传来：如果妹妹地下有知，她会希望看到自己现在的这副样子吗？她一定希望我快快乐乐的，就像妹妹那样，只要是在没有父亲的情况下，她总是那么开心。

当天，约翰从海边捡了一个美丽的贝壳，从此揣在怀里，他要用这个贝壳时刻告诫自己，每时每刻都要保持快乐。回到家之后，他深情地吻了妻子，同时意识到她才是自己当下最该珍惜的人。从那以后，约翰就像变了一个人，虽然每年去给妹妹扫墓的那天，他还是会痛如刀绞，但是在更多的日子里，他总是快快乐乐的。

由此我们也可以看出，所谓活在当下，的确是需要顿悟的。可能我们每个人的痛苦并不一样，但是正如马克·吐温所说，全世界的幸福都是一样的。比如阳光开朗，比如笑靥如花，比如走到哪里都浑身充满正能量。应该说，我们每个人的运气都好像山丘一样连绵起伏，有酣畅淋漓的巅峰，也有抑郁灰暗的深谷。适当的情绪变化是正常心理反应，但是如果不慎被情绪束缚，就会被永远笼罩在阴影当中。

当然，我们还应谨记一点，即内心痛苦和内心脆弱基本是可以划等号的。换句话说，一个内心强大的人也一定是内心世界当中充满欢乐和幸福感的。这种欢乐和幸福，对于过去已知的痛苦，以及将来未知的痛苦，形成了强大的免疫力，以至于在巨大的痛苦面前也能够微笑对待。何况对于一个成熟的人来说，回忆过去的痛苦总是幸福的，而回忆过去的幸福，反而会觉得心酸。道理很简单，痛苦能够让一个人不断成长，直到他能够淡然地面对所有痛苦。世界著名作家纪伯伦说：“所谓痛苦，只是因为你还不够智慧，不能够真正地活在当下。”

最后需要说明的一点是，当负面的情绪形成之后，我们也要选择适当的时机和方法发泄出来，而不是将它强压在内心当中。有时候，痛苦更像是一只野兽，如果我们把它关在笼子里，只能让它疯狂地咆哮。而如果我们能够把它放出来，并且放到空旷无垠的原野上，反而能够让它安静下来。如果你的负面情绪已经形成多时，并且始终被你关在心灵的牢笼中，也许最好的解脱方法就是把它放出来，如此你才能忘掉过去和将来，重新收获自己的幸福和快乐。总而言之，不念过去，不问将来，认认真真地过好眼前的每一秒，就是最简单和最真实的幸福。

## 3 伤口晒一晒，内心更健康

> 不要去看那个伤口，它有一天会结疤的，疤痕不褪，可它不会再痛。
>
> ——三毛

所谓伤口，越是暴露在健康的空气当中，越是容易愈合。君不见，包扎伤口的纱布，都有偌大的网眼，这正是为了让伤口和空气接触。试想，如果我们用一块完全不透气的胶带将伤口死死包住，那么伤口必定会肿胀发炎，引发更严重的伤痛。肉体上的伤口如此，心灵上的伤口同样如此，没有什么比阳光和空气更能让我们保持健康了。比如找三五个好友尽兴地聊一聊，甚至是痛快地哭一场，第二天早上醒来，太阳会照常升起，一切也都会按照既定的规律继续发展。



在美国，由于犯罪率居高不下，大概有50%的人都曾受到过心灵创伤，并且是在最脆弱的童年时期。因此，心理医生在美国很受欢迎，他们也成为维系美国社会正常运转不可或缺的一股重要力量。而作为美国人民，只要到达一定的年龄，都会接受一次严格的心理辅导，哪怕他们觉得自己完全没有问题。对此我们也应该谨记，越是心理有问题的人，越是觉得自己没问题，这就像是喝醉酒的人永远都会说自己没有醉一样。反倒是那些怀疑自己存在心理问题的人，是真正处于健康状态的，心理医生治疗起来也相对轻松。

因此，当我们意识到自己与外界格格不入的时候，尤其是怀抱着过去往事久久不能释怀的情况下，寻求心理医生的帮助也不失为一个明智选择。对于这一点我们也可以进行简单的自我检验，比如让自己尽量放松地坐着，然后去想一些给自己创伤最严重的事情。如果情绪随即发生变化，就证明你的心理机制已经出现障碍，因为你的情绪实际上已经失控。相反，如果在回想过往伤痛的时候，你的情绪并无波动，甚至能够一笑置之，认为自己那个时候不够成熟，则是一种健康的表现。如果你的反应是前者，不妨按照上述方法多做几次，你会发现自己的伤痛越来越轻，直到不会再给你带来任何情绪波动。

周萌最近失恋了，由于是她的男朋友移情别恋，这件事被她看作耻辱，因而没有对任何人提起。然而，一些细心的朋友很快发现，周萌的情绪越来越糟，有时候她还会没有任何征兆的忽然起身冲出屋。虽然回来的时候没有任何异常，但是所有人都知道，她是躲到卫生间哭去了。

好友林晓敏意识到出了问题，一向阳光外向的她直接问周萌怎么回事，周萌死活不说，大家便轮流猜测，事情很快就遮掩不住了。然而，让周萌没想到的是，朋友们并没有做出太大反应，这反而让她觉得有点小题大做了。

大姐大孟薇说："这年头，谁要是不失恋几次，出门都不好意思跟人打招呼。就说你姐姐我吧，16岁开始谈恋爱，到今年23岁，已经谈过19个男朋友，一共被甩了20次。你知道是怎么回事吗？我告诉你，其中一个王八蛋甩了我两次。"

周萌不知道对方是不是故意逗自己开心，但还是笑了，其他朋友也开始现身说法。一圈人说下来，都曾经失恋过，谁被动分手也根本没人在意。周萌这才知道自己太封闭了，早就应该敞开心扉，和好姐妹们聊一聊此事。

林晓敏做收尾总结，她对周萌说："有些话我一直想对你说，之前是迫于你的选择不好说，现在终于可以一吐为快了。就你的那个男朋友，哪里配得上你？他还移情别恋，就凭这一点也说明他不靠谱。实话跟你说了吧，咱们公司的很多单身男同事，都跟我打听过你，哪个不比他强一百倍。旧的不去，新的不来，回头我让他们把照片发过来，咱挨个挑。"

其他同事都跟着说："也有人跟我打听过你……"久久盘踞在周萌心头的阴云，终于消散开去，美好的明天正在向她招手。

如果把心灵创伤比喻成真正的受伤，那么对我们造成伤害的具体事情，就像是残留在我们体内的碎片。对医生来说，手术中最重要的一项工作，就是把残留在我们身体里的碎片取出去。面对心灵创伤，我们最好的做法也是如此，那就是把伤害我们的事情说出来，说给自己最好的朋友听，让他们站在客观的角度帮我们分析一下。所谓"当局者迷，旁观者清"，我们之所以会被痛苦一时遮住双眼，甚至觉得世界末日即将到来，不是因为那痛苦过于庞大，而很可能是因为我们太过痴迷。

从科学的角度来讲，把伤心事拿出来说一说，能够让我们的注意力从自身转移到别人身上，同时把各种臆测落实为一个具体反应。至于想象，有时候是可怕的，它会让我们编造出最糟糕的情况来吓唬自己。而说出来之后，哪怕真的是最糟糕的结果，也必然是痛痛快快的一刀，从此一了百了。所谓“长痛不如短痛”，伤心事总是藏着掖着，必定会一次又一次地伤害自己，只要想起来就是一次痛苦的回味，如此只能让伤口越来越大，疼痛感也越来越剧烈。而如果我们能够把伤口亮出来，本身就已经是莫大的勇气，接下来无论发生什么事，也只能让你的勇气更加强大而已。

懦弱者将越来越懦弱，而强大者也将越来越强大，改变虽然只在一瞬之间，结果却要相差百倍。对此，我们也可以在生活和工作中为自己寻找一些榜样，比如那些阳光开朗的人，他们所处的环境比你好吗？或者他们从来都没有经历过痛苦吗？仔细观察你就会发现，没有人能够一帆风顺，有很多人的境遇都比较差。但是由于他们勇敢地把伤口拿出来晾晒，痛苦并没有在他们的世界留下印记，甚至像铁锤一样把他们锻造得更加坚硬。所以，勇敢地把伤口亮出来吧，这样才能让你正面面对自己的痛苦，也只有正面面对自己的痛苦，你才能够真正地成长起来。

## 4 做事不要太硬，该软终要软

过于求速是做事上最大的危险之一。

——培根

众所周知，玻璃的硬度是毋庸置疑的，如果不小心被它划了一下，我们的皮肤大多要鲜血直流。但是在遭到敲打时，玻璃却会支离破碎，并且稀里哗啦地往下掉。我们由此可以看出，坚硬的东西并不一定坚强，甚至越是坚硬的东西，就可能越脆弱。再比如我们每个人的牙齿，可以算作周身最坚硬的东西，而舌头又可以算作周身最柔软的东西，但是直到牙齿掉光，舌头还是会好好地待在口腔里。

在现实的生活和压力当中，很多人会不由自主地选择死扛，如是最终扛过去了还好，一旦最后一根稻草落下，恐怕会像玻璃一样粉身碎骨。因此，我们一定要把坚硬和坚强分清楚，决不能把坚硬误认作坚强，甚至直到最后一刻才幡然悔悟。通常情况下，当我们遇到一些紧急情况时，全身的肌肉会立即处于紧绷状况，以此为我们的应对举措提供保障。但是生理学家已经证明，当我们的情绪陷入负面后，周身肌肉也会变得紧绷起来。需要提出注意的是，肌肉紧绷虽然能够为我们提供更加强大的力量，同时也会消耗更多的能量。肌肉长时间紧绷，其实就相当于能量的长时间流失，对于我们的身体自然是一个重担。

因此，我们与其让自己变得坚硬，不如让自己变得柔软。而想要做到这一点，当情绪发生波动的时候，努力进行自主调节，确保自己能够保持平和的心态，是必不可免的。很多时候，我们都会看到这样的情景，即那些真正的强者，即使面临生死关头，也总是能够从容不迫地应对。而那些歇斯底里的人，虽然看似不可战胜，但实际上却浑身都是死穴，只要我们找准时机轻轻一点，就可以让他们偃旗息鼓。古语讲“以柔克刚”，可见并非坚硬就不可战胜，刚柔相济才是王道。

明朝万历皇帝幼年受其母后和张居正把持，内心压抑了很久。亲政之后，他最终掌握了帝国的权力，安顿好了幕后，斗倒了张居正，他的权力欲望越发高涨。

然而，在册立太子的事情上，万历皇帝却受到群臣反对，以至于始终未能如愿。按照万历皇帝的想法，自己的三子聪明神武，应该立为太子。但是按照规定，被册立为太子的应该是长子，群臣对此并不退步。

为了如愿以偿，万历皇帝和群臣进行了十余年的斗法。首先，他把长子的生母封为嫔妃，而三子的生母则封为贵妃，让长子在出身上矮了三子一截；其次，长子到了该上学的年龄，也不让他去上学，以此来人为地弱化他的能力；最后，到了太子必须册封的年龄，万历皇帝又搞出了一个“三王并封”的把戏，让长子始终和三子保持地位平等。

本来，万历皇帝可以采取怀柔政策，放下身段和大臣们好好沟通。但是他一方面被强大的权力欲绑架，认为自己可以想做什么就做什么；另一方面，他也觉得自己身为九五之尊，就应该一言九鼎，大臣们绝不能反对。因此，他力排众议，采取绝对的强硬态度，大臣们不同意，他就拖，就是迟迟不立太子。

万历十八年（公元1590年），矛盾集中爆发，群臣集体上书万历皇帝，要求册封长子朱常洛为皇太子。万历皇帝还是祭出一个“拖”字诀，不管大臣们怎么闹，态度就是一如既往的强硬。为了此事，几位重要大臣先后被万历皇帝罢免，他原本打算新提拔的大臣会站在自己一边，却始终未能如愿。

万历二十九年（公元1601年），首辅大臣沈一贯按照惯例上书，请求册封太子。对于此次上书，包括沈一贯本人在内，都没有抱任何希望。但是万历皇帝当天就做出了批复，同意他的上书请求，朱常洛很快被册立为太子，所有人都目瞪口呆。



万历皇帝为什么一直态度强硬，却忽然改变主意，选择了妥协呢？其实就是因为他的态度太坚硬了，因而没有给自己留一点退路，结果只能在最后关头彻底失败。在现实生活中，如果你不想让自己面临这样的结局，最好还是让自己“软”下来，然后以柔克刚，并且保持刚柔相济。比如，我们不要让自己的身体处于紧绷状态，可以利用平躺并抚摸的方式，感知身体的肌肉松紧程度，然后让坚硬的部位逐渐放松，直到周身轻松自如。如此，你就会发现，自己的身体是很神奇的，即当你肌肉紧绷的时候，总是感觉力不从心，而当你彻底放松下来之后，却浑身充满了力量。

当然，我们也可以通过一些简单的运动来放松身体。比如去外地旅行，或者在家附近的公园散散步、跑跑步，做一桌美味的食物，泡个热水澡，做个SPA等。这些事情不仅能够让我们身体放松下来，同时也能够让精神放松，只要持之以恒并最终养成习惯，就会从中得到巨大好处。耶鲁大学的一项研究还表明，当我们的身体处于静态时，思维活动会处于高速运转中。而我们的身体处于运动状态时，思维则会舒缓下来，甚至暂时停止。由此我们得出结论，如果你正深陷思维困苦中，那就来一场酣畅淋漓的运动吧，坚硬的外壳会被你渐渐卸下，柔软的身躯则会被你重新获得。

身体软下来之后，你的情绪也会随之软化，心态自然而然就会变得健康。如此一来，当糟糕的事情发生后，即便你仍然会产生激烈的情绪反应，也会形成一个强大的缓冲。在这个缓冲所需要的时间里，你很可能已经意识到自己的反应过于激烈，从而及时调整自己的心态，最终做出的反应很可能已经足够理智和成熟了。在此我们必须谨记，越是坚持不做改变的事情，越是容易带给我们痛苦，同时也越容易让我们孤立，从而内心脆弱。放弃坚硬，放弃无谓的坚持，让自己变得“软”起来，你会发现为难你的人越来越少，自己的内心也越来越强大。

## 5 了解自己，从此不发火

伟大的人是决不会滥用他们的优点的，他们看出他们超过别人的地方，并且意识到这一点，然而绝不会因此就不谦虚。他们的过人之处越多，他们越认识到他们的不足。

——卢梭

知道你为什么动不动就发火吗？一个很重要的原因是你不知道自己想要什么，或者说你根本就不了解自己。不了解自己，最典型的表现就是知道某种情绪是负面的，却仍然会在不知不觉中陷入这种情绪，并且浑然不觉。具体来说，我们没有找出自己最脆弱的情绪缓解，比如自卑、自负、迷茫和孤独等。这就要求我们必须认真审视自己，找出那些能够让自己轻易失控的事情，然后在这些事情发生时，强令自己不要失控。这样有针对性的情绪掌控，能够让我们尽快摆脱负面情绪的困扰，尽早成为情绪的主人。

至于如何杜绝不知不觉中陷入负面情绪，我们可以为自己选定一个特定参照，然后时刻关注整个参照物。比如，一旦情绪发生波动，首先有所反应的就是我们的呼吸。通常情况下，一个人的情绪产生波动后，呼吸会变得急促，或者干脆屏住呼吸。这样一来，不管我们有没有意识到自己的情绪发生变化，只要呼吸频率有所变化，就可以基本判断出自己的情绪发生了变化。接下来，我们就要有意识地进行情绪调节，至少也要保证自己不要在这种情况下做出判断和行为，尤其是一些相对重大的判断。需要提出注意的是，我们可以选择的情绪标的物有很多，总的选取原则是越明显越好，如有必要，可以对着镜子进行寻找。

了解自己还有一个非常简单和有效的方法，那就是瑜伽文化中非常重要的一课——冥想。所谓冥想，就是腾空我们的大脑，因为每天我们接触的事物多，强行注入的信息也太过复杂和繁乱。这些信息不仅会影响我们的判断，同时也会影响我们的思考，其中自然包括对自己的审视。忘记那些没有必要记住的事物，让自己的意识从头到脚在身体里游走，就能够让你的心思全部融会到体内，已经被捣乱的情绪神经，也会回到它们原本的位置，从而还我们一个清新、高效的大脑。

琼斯患有轻度注意力障碍症，他曾经想过各种办法改善自己的情况，但是收到的效果都不是很理想。为此，琼斯的情绪经常失控，最严重的时候，甚至想到自杀。看过心理医生后，琼斯得到了一些药物帮助，但是仍然无法有效地集中注意力。

一次偶然的机会，琼斯遇到了一个大学教授，他在学校中正是教精神课程的。当琼斯得知这一消息后，立即上前求助，而这位教授也很乐意提供帮助。经过简单的交谈，教授发现琼斯最主要的问题不是无法集中注意力，而是缺乏自信。

原来，琼斯在小时候就是一个思维迟钝的人，因此经常受到老师和同学的嘲讽，就连他的父母也认为他是一个能力低下的人。这些信息年复一年地围绕在琼斯耳边，最终让他相信自己就是一个能力不足的人，这也让他对于别人给自己的评价越来越敏感。

而这种敏感的心理一旦形成，身边人的一点风吹草动，都会引起高度警觉。久而久之，琼斯开始关注身边的每一丝微小变化，哪怕那并不是人做出的。教授从这个角度出发，对琼斯进行了一番疏导，很快让他感到豁然开朗。

既然此时的琼斯已经功成名就，那就丝毫没有不自信的道理，因而他开始针对自己的不自信调整情绪。为了尽快见到效果，琼斯还在自己的手腕上套了一个皮筋，每当他想侧耳倾听别人的谈话时，就拉起皮筋狠狠地弹自己一下。每次被弹一下，琼斯都会在很长一段时间内不再听别人的话，这样直到他完全不在乎别人说些什么。

果然，在成功克服了不自信的问题后，琼斯的注意力开始一点点恢复，很快就能够短时间地集中了。接下来，再经过心理医生的进一步治疗，当琼斯再一次见到教授的时候，他的注意力集中障碍问题已经基本解决。

兵法上说："知己知彼，百战不殆。"在现实生活和工作中，如果我们连自己都不了解，又谈何掌控自己的情绪呢？因此，我们必须对自己有一个全面深入的了解，并且从现在就开始，从一点一滴的小事做起。当然，没有人能够一口吃成个胖子，任何事情都必须一步一步来，太过急于求成，反而会适得其反，把事情弄得越来越糟。而只要我们静下心来，任何一次小小的进步，都能够让我们增加信心，从而让自我调整进入一个良性循环，直到你能够完全掌控自己的情绪。

接下来，我们来认识一下具体的自我审视过程，参考内容如下：

（1）寻找一个足够舒适和安静的环境，确保自己不会被外界信息忽然打扰。然后找到一个舒服的姿势坐下，但是要遵循基本的健康原则。接下来就是做几个痛快的深呼吸，让精神尽量清爽一些。

（2）开始把握自己的意识，让自己的关注点从外界引向体内，从头到脚地感知一下自己的身体。如果有什么地方感到不舒服，可以适当调整一下，但是不能太随意，要确保动作的规范，毕竟一次冥想就需要静坐很长时间。

（3）感知自己的呼吸。在吐纳之间感觉空气进入自己的身体，然后再分散到各个身体部位，直到感觉完全消失。然后将吸入的空气呼出，过程要伴随自己的意识，用力要舒缓，尽量让自己的意识清晰。

（4）自我提问。当你完全放松下来之后，就可以把意识再次收回体内，然后轻轻地问自己，此时的情绪是怎样的？是好的还是坏的？最近一次发脾气是什么时候？前因后果是什么？下次出现类似的情况该怎么办？

（5）确定标的。找出最容易让自己发生情绪变化的事情，比如虚荣、好奇、多疑、骄傲或嫉妒等，然后把选定的结果设成标签，在下一次出现类似情况时，就用这个标签提醒自己，确保类似的错误不要犯第二次。

（6）恢复常态。注意力渐渐恢复到呼吸上，进而转移到外界，完成此次冥想。注意，整个过程要足够慢，让自己真正地静下心来，用时不要少于20分钟。如果保持长期练习，则最好设置足够长时间的闹钟，最好让别人适时提醒，避免过于沉迷。

## 6 对事不对人，解决问题即可

有必要做的事情，不如现在就做。

——斯莫伦特

在人际交往过程中，我们总会陷入这样一个误区，即对某人产生一定印象后，总是带着这种印象去看待他的行为。一个非常明显的事实是，当我们对一个人产生好感之后，即使对方做了一些错事，你也能够予以包容，甚至还会觉得他们有个性；但是当我们对一个人生出厌烦之后，哪怕对方做出了不起的事，我们也会觉得不过尔尔，甚至吹毛求疵。一旦他们做了错事，我们就会落井下石，大有除之而后快的气势。



对此，我们要适时调整自己的想法，要让自己抱着解决问题的心态去思考和做事，而不是戴着有色眼镜去审视别人。尤其是在职场当中，对事不对人已经被公认为明智的处事原则，让很多职业经理人受益匪浅。比如某个员工曾经有过盗窃行为，那么再发生同样事情后，大家还是会首先想到他。如果让我们来处理此事，这种想法就绝对要不得，我们应该按照既定程序查明此事，然后秉公办理。如果真是这名员工所为，那么进行更加严厉的惩罚，甚至直接开除掉也无可厚非。但是如果不是这名员工所为，我们也要及时还他一个清白，这才是真正解决问题的方法。

对事不对人的说法，还有另外一层解释，那就是“天子犯法，与庶民同罪”。比如在一家企业当中，职位自然有高低之分，那么在规章制度面前，领导者应该以身作则，率先垂范，还是应该明知故犯，凌驾于规则之上呢？相信稍有常识的人都会选择前者。但是在现实当中，只要随便找一个借口，“天子”和“庶民”就可以同罪不同罚。在此我们要谨记，人心就像一杆秤，谁的心里都有自己的尺度，大家把这样的事情看在眼里虽然可以不说，但是在做事的时候还是会有样学样，根本不会把规章制度放在眼里。

曹操最初进入官场的时候，只不过是洛阳城中的一个都尉，相当于今天的公安局局长，而且还是一个分局长。如此名不见经传的官儿，在当时社会可谓比比皆是，聪明的曹操也意识到了这一点，因而他决定做点什么来扬名立万。

当时，朝廷为了确保社会安定，禁止官民夜间外出。然而，由于洛阳城内夜夜笙歌，大家都想在晚上出去娱乐一下。很多官员更是带头违反，此法令很快流于形式，这也让洛阳的社会治安变得越来越糟糕。曹操出任北都尉后，立即颁布告示，再一次重申了宵禁令。为了表明决心，曹操还命人做了十几根五彩大棒，以此作为惩罚违禁者的刑具。

这个时候，不少人都开始关注此次事件，一项简单的宵禁令，也由此演变成曹操对洛阳权贵的挑衅。很快，又有权贵在夜里带头上街，造成了很不好的影响，很多百姓群起效尤，地痞流氓趁机作乱。然而，曹操却并没有如约行事，他虽然对法规三令五申，但就是雷声大雨点小，甚至比上任北都尉更加纵容姑息，权贵们的行为越来越出格，关注此事的人也越来越多。

实际上，曹操要的就是这种效果。眼见火候已经差不多，他果断做出行动，将行为最猖獗的蹇图抓了起来。蹇图是当朝皇帝宠臣蹇硕的叔父，他凭借自己的崇高身份，不仅夜间违反禁令四处游玩，而且横行霸道，早已是人怨神怒。这一次被曹操抓起来，他仍然气焰嚣张，当庭辱骂曹操。却不想曹操早已动了杀机，他命人把蹇图拖出去用刑，直到活活用五彩棒打死。

此事发生之后，洛阳城内无不拍手称快，曹操也因此闻名天下。很多怀有理想抱负的青年才俊，也都纷纷赶来投靠他，而曹操更是把对事不对人的行事原则坚持到底，很快建立起了良好的人际关系，并最终成就了一番千古霸业。



我们在处理人际关系的问题时，尤其应该牢牢注意，只有对事不对人，才能真正解决问题。也许，当你看到一个厌恶的人时，会打心眼里讨厌他，不管对方做什么都只能增加自己对他的厌恶感。而当你看到一个喜欢的人时，总是会不自觉地认为他很优秀，即便他做了错事也情有可原。事实上，这样的情绪化做法只能让你失去最基本的判断能力，从而使自己成为别人眼中毫无常态的人，良好人际关系的建立将遭遇重大问题。

不难想象，在我们的生活和工作当中，一定会遇到各种各样的人，不同的人必定会带给我们不一样的情绪感受，而不同的感受又势必影响我们的具体行为。那么，面对形形色色的人，我们又该怎样保持客观冷静的情绪呢？最简单的做法就是保持一颗不偏不倚的心，养成良好的处事心态，在做事时时刻铭记以解决问题为前提，从而确保对事不对人。否则，势必在不知不觉中戴起有色眼镜，做起事来便很容易丧失理智，变得易暴易燥，有失水准，犯下一些非常低级的错误。

在现实世界，这种情况并不少见。比如某些人与我们的意见相左，哪怕最终事实证明他们是正确的，你也会怀恨在心，认为对方侮辱了自己，甚至就是故意针对自己。这样一来，你就难免把对方当成“眼中钉，肉中刺”，不向对方还以颜色决不善罢干休。于是，是非对错被你抛在了脑后，让对方知道你的“厉害”成了终极目的，甚至不惜把局面搞得不可收拾。

可想而知，这种想法和做法是极其幼稚的。一个最简单不过的道理是，你能给对方一个教训，对方同样可以给你一个教训。如果每个人都这样想，最终必将使整个环境充满负能量，我们身处其中，也绝对不会好过。与此同时，这样的冲动做法，只能让自己的敌人越来越多，直到被整个集体排斥在外，失败和痛苦也会接踵而至。相反，如果我们能够以解决问题为大前提，哪怕对方因为一时的过失损害了我们的利益，只要能够通过友好和善的方法避免类似情况出现，我们又为什么不能大度地原谅对方呢？

## 7 所谓困难，就是用来战胜的

> 困难与折磨对于人来说，是一把打向坯料的锤，打掉的应是脆弱的铁屑，锻成的将是锋利的钢刀。
>
> ——契诃夫

在法国南部，有一位年轻漂亮的姑娘，她出身贵族，具有很好的修养，同时拥有世界名牌大学的高学历。工作不久之后，她结识了一位优雅的绅士，两人很快坠入爱河，并且迅速步入婚姻殿堂。

然而，优雅的绅士很快原形毕露。他不仅出身贫苦，而且性格极差，在几次争吵过程中，都有动手施暴的趋势。与此同时，他还非常多疑，一旦她有点风吹草动，都会引起他的高度警觉。后来，他还闹到了她的公司，以至于连她的基本生活节奏都被打乱了。

她受不了了，提出离婚，他却来了一次集中爆发，对她动了手。伤虽然不重，但此时的她已经怀有身孕，孩子在一次撞击中不幸流产，这也坚定了她的离婚决心。经过艰难的纠缠，她终于得以离婚，但家里人对她的态度很糟糕，她万念俱灰，想到了自杀。

具体的方法是跳海，因而她登上了一位老渔夫的小船。老渔夫独具智慧，看出了她情绪不对，一边划船一边了解情况。当她把自己的遭遇说完之后，老渔夫不屑一顾地说："你所遇到的事情，如果和我比起来，简直不值一提。两年前，我载着全家出海，当时我的妻子和唯一的孙子都在船上，结果遇到海风失踪了，他们至今没有出现，儿子和儿媳也因此责备我，发誓不再与我往来。”

姑娘颇为震撼，她忍不住问老渔夫：“那为什么你看上去没有丝毫哀伤？”

老渔夫说：“已经有那么多人为难我，我又何苦再自己为难自己呢？”

姑娘恍然大悟，凭借着老渔夫的话，她重拾了寻找幸福和快乐的信心。

对于任何人来说，遭遇不幸的事情都在所难免，比如生老病死，人人忌讳，又人人都要经历。即便抛开不幸，人生不如意的事情也会有十之八九，我们的成熟和成长正是要感谢这些逆境。如果什么事情都顺心顺意，反而不是完整的人生，因为没有遗憾才是最大的遗憾。即便是在影视作品中，已经完全可以按照人的意志来谱写命运，也从来没有作品会把整个作品人生写得顺风顺水，可见那样的人生是平淡无味的。所有痛苦的事情，都会在我们的回忆当中熠熠发光，它们会成为你的财富，你的骄傲，以及你青春无悔的资本。

一位登山爱好者断臂求生，又被一头野狼尾随，直到被野狼扑倒在地。但是他没有放弃求生的欲望，最终用自己的牙齿咬死了野狼，而当他终于获救的时候，已经只剩下最后一口气。这样的事情看似如同艺术作品一般，却真实发生在美国犹他州的兰约翰峡谷，主人公的名字叫亚当·堪培拉，时间是2004年3月16日。在接受记者采访的时候，所有人都以为亚当·堪培拉会重述自己的英勇经历，但是他只是对摄像机镜头笑笑，然后淡淡地说：“有了这样的一次经历，还有什么能阻挡我继续前进呢？尽管我只剩一条手臂。”

亚当·堪培拉之所以能够战胜看似不可能战胜的苦难，不是因为他体力惊人，也不是因为他有什么坚强的意志，而是因为他根本就没有把困难放在眼里。对于我们每个人来说，不把困难放在眼里同样重要，那会让我们拥有一种勇往直前的气势，以至于在别人选择退缩的时候，我们却只会觉得更加刺激和有趣。所谓“困难像弹簧，你强它就弱，你弱它就强”。红军战士拿出了“五岭逶迤腾细浪，乌蒙磅礴走泥丸”的豪情，两万五千里的长征，想都没想就出发了，胜利也在延安炸开了花。

什么是困难，困难就是让你成功的最佳途径。它不仅能够让你变得越来越坚强，同时也会帮你淘汰越来越多的对手，直到最终帮你铸就辉煌。古人为什么说“乱世出英雄”，难道是因为治世没有英雄吗？当然不是，只是在治世，英雄根本没有用武之地，因而也就显示不出他们的能量。只有遇到了乱世，遇到了各种各样的磨难，才能让英雄发挥出顶天立地的能力，赢得万人瞩目的敬重。而在此之前，不要说别人，就连英雄自己，都可能没有意识到自己的具体潜力。

在我国改革开放的大潮中，很多人把下岗看成了灭顶之灾，全家人围坐一起哭成一团的情况亦不少见。然而，就是在这批下岗大潮中，涌现出了我国最早一批优秀的民营企业家，他们逆流而上，在政府的大力扶持下，创造了一个又一个财富神话。试问，那些继续留在工作岗位上默默劳作的人，难道就没有成为企业家的苗子吗？答案当然是否定的，只是因为困难没有主动找上他们，他们也就没有面对和解决困难的机会，结果错失了大好的历史时机。可见困难具有绝对的两面性，它会吓退很多人，但任何能够战胜它的人，都将被它戴上荣耀的花环。

对于我们每个人来说，困难就像是一块大石头。如果我们能够将其战胜，它就会成为我们的垫脚石，从而帮助我们向更高的台阶攀爬。而如果我们选择了退缩，它就会成为我们的拦路石，从此成为我们走向成功的永恒障碍。更严重的问题是，只要我们一日不解决，困难就会想发酵的面包一样，越来越大，而且不会失去其坚硬度。很多人在童年的时候遇到了一点小困难，长大之后同样会因为这个小困难不知所措，而在大多数人眼中，这几乎是不可能的事情。

究其原因，就是因为困难也是动态发展的。它镶嵌在你的精神世界里，就如同一根毒刺扎在你的肌肤里，剧烈的疼痛感只会让你越来越不敢去触碰。而如果在刺入之初，你就勇敢地选择了拔去它，伤口早就已经愈合。因此，当困难来袭的时候，你最好的选择就是迎难而上，哪怕不幸失败，也要勇敢地重头再来，直到将它踩在脚下，永世不得翻身。这个时候，我们也可以自豪地说上一句：所谓困难，就是用来战胜的。

## 8 忙起来，就忘记了忧虑

如果你表现得“好像”对自己的工作感兴趣，那一点表现就会使你的兴趣变得真实，还会减少你的疲惫、你的紧张，以及你的忧虑。

——戴尔·卡耐基

米道尔先生是美国加利福尼亚州的一位农场主，他每天快乐地生活着，好像从来没有被忧虑困扰过。然而，了解米道尔的人都知道，他刚刚经历了沉重的打击，而且是一连串的打击。第一次是8岁的女儿去世，她是全家的开心果，更是米道尔的心肝肉。米道尔在很长一段时间里，都只是把自己关在屋子里，什么事情都不想做。

还好，就在这个时候，她的小女儿降生了。可是这个为米道尔带来新希望的小公主，居然在降生仅仅三个月后，就因病去世了。米道尔再也经不住打击，连每天的饮食和睡眠都受到了影响，以至于不得不寻求医生帮助。

医生给米道尔开了很多药，同时也给他提供了很多建议。米道尔每天坚持按时吃药，同时也按照医生的建议试了个遍，可情况就是没有任何改变。此时，唯一能够支撑米道尔活下去的，就是他5岁的儿子。由于年纪尚小，他体会不到米道尔的伤心欲绝，因而总是缠着米道尔胡闹。

一天，儿子把摔坏的玩具递给米道尔，希望他能够修好。米道尔实在没有心情修玩具，但是看到儿子期待的目光，还是决定帮他修理。那是一个相对复杂的游戏，有很多电子集成线路，米道尔费了很大劲才修好。而让米道尔感到惊奇的是，时间已经在不知不觉中过去了3个小时，这3个小时中他没有再想自己的两个夭折的女儿。

这让米道尔抓住了一根救命稻草，当天他为自己制定了全面维修农场设施的清单，总共多达2489项。在接下来的一年当中，米道尔每天都处在维修农场设备的忙碌当中，当整个农场焕然一新之后，他也终于从丧女的悲痛当中逐渐解脱出来。

第二次世界大战中的丘吉尔曾经接受记者采访，当被问到有没有忧虑心情的时候，丘吉尔说出了一句世纪名言：我的时间太紧迫，没有时间用来忧虑。我们由此可以得出结论，忙碌是对抗忧虑的绝佳方案，同时也能够让我们处在实际行动中，既能排解负面情绪，又能取得工作成绩。因此，当你不幸处于忧虑情绪的时候，不妨给自己找一些事情去做，哪怕要做的事情并不是工作，只要能够吸引你的注意力，从而全身心地投入其中，时间就会过得飞快，让你顾不上忧虑。

世界著名科学家巴斯德曾经有过一个非常有趣的论断，他发现实验室中的人永远不会被忧虑困扰，因为实验室中的人都在全神贯注地做实验。换句话说，人之所以会被忧虑困扰，原因可能来自方方面面，但是精力过剩无疑也是原因之一，而且很可能是重要原因之一。如果我们能够把精力适当地消耗掉，让自己时刻处于忙碌状态，甚至时刻处于注意力高度集中的状态，那么就没有“闲情逸致”再去忧虑了。这也能够解释，为什么精神崩溃的多是哲学家，而那些科学家尤其是研究人员，却少有精神偏执，也少有忧虑。

其实，哪怕是从最简单的生活常识来讲，忙碌能够排解忧虑也是能够讲通的。所谓“一心不可二用”，我们每个人的心智无论多么聪颖，也很少能够同时做两件事。举一个最简单的例子，如果我们用左手画一个圆形，然后用右手画一个方形，大多数人都能够做到。但是如果两只手同时画，当然还是一手画圆一手画方，则是多数人做不到的。我们每个人的心理活动也是如此，你永远不可能高高兴兴地做着一件事，同时痛苦万分地想着另外一件事。因而在你被忧虑困扰的时候，可以去做一些开心的事，让自己忙碌起来，焦虑很快就会被赶走。

事实上，当我们处在工作当中的时候，通常都能够忘记忧虑，一门心思地把手上事情做好。但是到了下班之后，尤其是到了放假之后，当快乐的时光消失，负面情绪就会在不知不觉中趁虚而入。其中，最常见的负面情绪就是焦虑。为什么呢？因为一旦我们的注意力处于分散状态，心理世界就会被放空，这就如同一个人站在空旷的荒野上一样，不感到忧虑才是奇怪的事情。所以，我们不仅要对待工作认真，对待自己的业余时间更应该认真，一定要尽量避免让自己处于精神放空状态，否则接下来要面临的事情就是面临忧虑了。

用忙碌抵抗忧虑的方法，最早在军队医院得到实验和推广。最开始的时候，受伤的军人会被安排在空荡荡的病房里，因为亲人极少在身边，除了医生进屋诊治，他们一天当中的大部分时间都用来空想。问题很快就出现了，这些伤兵的恢复过程非常缓慢，很多战士在日渐消瘦中走向死亡，甚至有些战士在恢复行动能力后自杀身亡。心理学家介入调查后发现，情绪变得日渐忧虑，是危害伤兵的首要杀手。为此，他们为军队医院引入了各种娱乐设施，同时创造条件和机会让伤兵相互交流，并竭尽所能接来他们的家人，伤兵重返战场的几率因此得以大幅提升。

需要大家注意的是，忙碌不仅能够抵抗忧虑，其他诸多负面情绪也能够因此得到圆满的解决。比如，让很多人抓狂不已的失眠症，其中一个最关键的问题，很可能就是用脑过度而缺乏锻炼。如果在白天的时候，我们能够时刻处在忙碌当中，爬上床的时候已经累得筋疲力尽，那么此时的念头就只剩下一个，即赶紧睡觉。如果白天的时候无所事事，上床之后还有很大精力存在，如此势必会进行各种胡思乱想。虽然不能想出个所以然来，但我们并不能控制自己是否继续思考，结果只能陷入失眠状态。

## 9 不自我迷失，少走弯路

人生最苦痛的是梦醒了无路可走。做梦的人是幸福的；倘没有看出可走的路，最要紧的是不要去惊醒他。

——鲁迅

于丽的父亲早亡，她由母亲一手带大，同时也是母亲唯一的希望。为了让女儿完成自己的舞蹈梦想，同时于丽的条件也很优秀，母亲决定让她学习跳舞，并且一再灌输她成为舞蹈家的思想。

因为家境并不好，母亲为了供于丽上舞蹈班，每天还要做一份兼职，几乎把所有的时间都奉献给了她。于丽知道妈妈很辛苦，因此每天不用别人监督就早早起床练习功课，在舞蹈班也总是最后一个离开。

高中毕业后，于丽成功考上妈妈指定的舞蹈学院，这也让于丽看到了十余年来最开心的母亲。那一刻，她觉得自己所有的付出都值了，因而并没有对任何人提起过自己的第二志愿。然而，不幸忽然降临，就在于丽赶往大学的路上，公交车发生意外事故，使她的双腿严重受伤。

这个消息对于母亲来说无异于晴天霹雳，她用最短的时间赶到医院，每天以泪洗面。为了让母亲宽心，于丽坚持进行康复训练，可惜事实是残酷的。她的训练非但没有帮助自己康复，反而加重了伤情，以至于此后的人生都只能在轮椅上度过。

对此，母亲甚至有了轻生的念头，终日里连话都懒得说了。但是，母亲在整个事故过程中并没有关注于丽的反应，双腿的失去并没有让于丽太过消沉，反而激起了她更多的对新生活的期待和追求。

最终，于丽说服母亲，让自己转报了第二志愿，成为一名以文科见长的高校学生。原来，于丽始终抱有一个文学梦，她期待自己能够像林徽因那样成为一代才女，用文字编织美好的人生。通过艰苦的努力，同时也是兴趣和理想使然，于丽最终成长为一名优秀的作家，这不仅让母亲大感安慰，更让于丽成为作家的人生理想得以实现。

如果于丽继续舞蹈的梦想，也许会因为母亲的欣慰而感到满足，但是必定会给自己的人生留下遗憾。结果因祸得福，于丽得以拥抱真正的快乐，因而连失去双腿都没有对她造成太大影响。对于我们每个人来说，也只有发掘出真正的自己，才能得到最纯真的开心。也许，加在我们身上的某种枷锁是爱的体现，以至于我们连反抗的余地都没有。但是如若我们不加反抗，可能永远都无法得到开心，甚至完全不知道自己想要的是什么。

与此同时，自我的迷失还包括对他人的盲从，尤其是来自所谓偶像的影响。很多人在自身价值观没有成熟之前就走入社会，结果因为早熟而成为最晚熟的那个人，因为他们总是企图找到一个现成的成功模式，以便套用在自己身上，结果只能使自己迟迟无法形成独立和完整的主观意识。对此我们应该谨记，成功的模式无法复制，当你踩着别人的脚印稳扎稳打时，看似无懈可击，实际上早已漏洞百出，毕竟大多数人的成功都需要推陈出新。一个最简单的道理是，如果你甘愿做一个追随者，那么在别人吃肉的时候，你就只能跟着喝点汤，等到追随的人多了，甚至可能连一口汤都喝不上。

还有一种迷失来自随波逐流，也就是通常所说的“别人做什么，我就做什么”，因而“别人有什么，我也会有什么。”这种懒于思考却勤于动手的想法，虽然相对可取，有时候也是融入集体的必要考量因素，但是在找寻快乐的道路上，同样需要谨慎对待。一个最简单的原则是，我们在充分考虑大众做法的同时，必须紧密结合自己的实际情况，切忌用别人的幸福标准来要求自己。

应该说，我们之所以要完善独立的自我，是要尽可能地少走弯路。比如在追逐财富的道路上，我们只有建立自己的思路，并且坚定地执行，大胆地求证，认真地完善，才能让自己越来越接近成功的目标。如果我们看到别人投资股市就跟着去炒股，看到别人投资房地产就跟着去炒房，看到别人投资艺术品又跟着去炒艺术品，哪怕凭借自己的聪明才智每次都能与成功拉近距离，最终也很难如愿以偿。

接下来，贪婪也是我们迷失自己的常见原因。如果抽象来讲，人实际上就是欲望的具体化身，因为人的一生就是在欲望的作用下存活。通常来讲，如果欲望能够满足，生活就会变得无聊，直到更大的欲望产生；如果欲望得不到满足，生活就会处于痛苦之中，并且越是想要满足欲望，就越会感到痛苦。因此，我们应该懂得合理控制自己的欲望，当欲望得以满足的时候，要懂得珍惜和享受。当欲望无法满足的时候，要懂得退而观全局，然后制订长远的计划，并且分阶段去实现，直到终极目标的实现。

总而言之，我们每个人都是独一无二的，因为我们的快乐也注定是独一无二的。只有找到了这份快乐，你才能恬淡如水，从而发现真正的自己，拥抱真正的开心。

## Part 6

# 远离坏脾气，打造完美自己

如果说性格决定命运，那么又是什么决定性格呢？答案就是习惯。当我们遇到某件事的时候，虽然感觉上自己的反应好像是临时做出的，但实际上却和你的习惯有着千丝万缕的联系。因此，如果你想把握自己的命运，最好的做法不是改变自己的性格，而是改变自己的习惯。原因很简单，性格不是我们想要改变就能改变的，而习惯则可以通过我们点点滴滴的改变而最终完成改变。当你能够把自己的所有缺点改正，同时养成优良的个人习惯，不仅能够建立良好性格，而且可以把握并打造完美人生。习惯不仅可以让我们远离坏脾气，还可以打造完美的自己。

## 1 驱走自卑，拥抱自信

憎恨自己和轻视自己是人类特有的疾病。

——蒙田

法国家乐福超市曾经进行一次内部大考察，想要从已有的经理中挑选出一位能力超群的人，升任中国区总经理。经过多轮考察，最终胜出的只剩下两个人，他们都能力出众，并且拥有丰富的工作经验。由于个人能力相当，决策层不得不对二人进行拓展调查，结果发现其中一人家庭环境优越，而另外一人则出身贫苦家庭。

最终，出身优越家庭的应聘者成功赢得工作机会，成为中国区总经理。消息一出，受到了很多人的质疑，尤其是那位贫苦出身经理的支持者，他们打出横幅抗议，认为决策层一定进行了暗箱操作，甚至指名道姓地指出某位董事有受贿行为。

这件事越闹越凶，以至于总公司不得不发布公报辟谣，表明决策层并没有任何违规操作，而且提升那位经理的决议，是通过法国总公司审核同意的，不可能存在坊间流传的那种暗箱操作的行为。然而，总公司的公开信并没有起到太大效果，反而让大家觉得他们越描越黑，一些激进的员工甚至举行了罢工示威。

究竟应该如何收场呢？决策层想到了这次竞争的落败者，也就是那位出身贫苦的分公司经理人。本来，这位经理已经从此次事件中隐没，落败的耻辱也让他不愿再提起这件事，但是为了公司大局，他只好站出来公布自己落败的真正原因，那就是自卑。

原来，竞争的最后环节，是两位经理人当众辩论。出身优越的经理人毫无惧色，侃侃而谈；而出身贫苦的经理人则只有招架之功，毫无还手之力。而且最终，也是他主动放弃竞聘总经理一职，决策层也只好顺势而为。

自卑作为一种性格缺陷，越是深埋在你的内心世界当中，越是容易在关键时刻让你前功尽弃。相比而言，一个自卑的人比一个自信的人更无法接受失败，他们会把失败当作世界末日，结果注定让自己无法正确面对失败。这样一来，对于自卑者的成长，就会形成巨大的负面影响，照此发展下去，只能让自己的自卑越来越严重。为了避免失败，他们通常会选择逃避失败，甚至逃避参与竞争，直到把自己牢牢地“捆绑”起来。更加可怕的是，他们为了获取成功，很容易使用一些极端的方法，因为他们的想法早已经变得非常极端。

因此，无论什么时候，我们都要懂得审视自己的内心，千万不要让自卑把自己腐蚀掉。有时候，明知要失败，也要勇敢赶上前去，让自己真真切切地体验一把失败的感觉。失败的感觉虽然不好受，但所谓“知耻近乎勇”，那些东山再起和反败为胜的故事早已告诉我们，失败往往能够带来成功。泰国富商施利华曾经光芒四射，但是在1997年席卷整个东南亚的金融风暴过后，他和很多富豪一样，都变成了穷光蛋。但是，这位落魄的富翁并没有任何情绪失落，反而更加起劲地从零开始，不仅很快达到了之前的高度，而且实力比之前更加强劲。究其原因，就是因为他的内心装着满满的自信，而没有一丝自卑。

如果说自卑和失败是一对难兄难弟，那么自信和成功就是一对亲密伙伴，如果我们想要取得失败，就要远离自卑，并且尽可能地拥抱自信。从生命的最后一刻开始，如果你选择了自卑，那么你的生活就会从此走向阴冷潮湿，你的人生感受也将被无尽的痛苦包围。而如果你选择了自信，你的生活就会从此走向光明和温暖，从而每天沐浴在无尽的幸福之中。当然，自信的习惯不是一天两天能够养成，它需要你拥有长期坚持的意识和决心。同时我们也应该意识到，自卑习惯的形成，也是经过长年累月的积累，因此我们必须把生活中的点点滴滴当作考验和修炼自己的机会。

总而言之，自卑的人无论多么强大，其内心当中也是脆弱的，随便遇到一点小事，就会让他们的情绪产生波动。而自信的人无论多么渺小，也一定能够处之安然，得失淡然，再大的事情也不会让他们的情绪冲出理智范围。因此，当你面临可能让自己产生自卑的事情时，一定要坚定地告诉自己，一生的长度和高度远不及此，眼前的事物只是一次考验，如果能够战胜它，以后遇到同样的事情就能够轻松对待；而如果被它战胜，日后遇到同样的事情还会感到自卑，并且越来越自卑。

## 2 把握时间，拖延和沉稳是两回事

时间是一切财富中最宝贵的财富。

——奥弗拉斯多

在这个世界上，有一样东西是最长的，同时也最短的；是最快的，同时也是最慢的；是最常被忽视的，同时也是最常被珍惜的；有了它你不一定能做成什么事，但是没有它你将注定什么事都做不成，这样东西就是时间。很多时候，时间会让我们在历尽沧桑后变得越发沉稳，但有的时候也会让我们患上拖延症，从而变得行为缓慢，思维懒惰。事实上，拖延和逃避一样，都是典型的性格缺陷，都会带给你严重的负面情绪，并且会让你习惯性地给自己寻找各种借口，用沉稳掩盖拖延就是最常见的行为。

其实，当你决定做一件事的时候，如果能够立即着手去做，往往能够避免受到拖延症的困扰。怕就怕你虽然决定做某件事，却总是“前怕狼，后怕虎”，想得很周密，却做不出一个正确的决定，如此注定会陷入无限期的“准备”。很多时候，多谋就意味着寡断，这也是自古多谋者要和善断者相结合才能创造出奇迹的原因所在，比如我国唐朝历史上著名的“房谋杜断”。要知道，事前把问题考虑周详无可厚非，但很多事情并不会按照我们预想的轨迹发展，如何应对实际情况中的变数，才是一个人真才实干的表现，这就要求我们尽快把自己的想法付诸行动。

前世界花样滑冰冠军汉密尔顿的一生光辉无比，她曾经连续四届获得该项目的世界冠军，受到无数人的敬佩。然而，汉密尔顿小时候练习滑冰时，却经受了一个巨大问题的困扰，那就是拖延症。

由于训练队里汉密尔顿的年纪最小，因而总会在有意无意中受到教练和同伴的照顾，这也让他觉得该自己努力到时候还远没有到来。久而久之，这种拖延的行为养成习惯，不管是在学习还是在训练过程中，汉密尔顿总是能拖就拖。

很快，教练对汉密尔顿的前程感到了担忧，并且把这种担忧及时传递给了她的母亲。结果她的母亲要求教练让她回家住一段时间，表明自己会帮汉密尔顿解决这个问题，很快得到了教练的同意。

回到家之后，母亲并没有对汉密尔顿进行任何说教，而是每天照常忙于自己的家务和工作。汉密尔顿不好意思每天呆在家里什么都不做，于是渐渐跟着母亲做了起来，并且从中得到了不少乐趣。一次，汉密尔顿忍不住问母亲：“您作为一名大学教师，平常的时间是很宽裕的，为什么每天都让自己如此忙碌？”

母亲告诉她说：“我亲爱的女儿，上帝给我们每个人的时间都是固定的，我们唯一可以做的选择，就是把它拿来浪费还是拿来充实自己。我每天忙着做家务，是为了节省时间看书学习，以便让自己拥有更多的知识，然后就可以教给学生们更多。即便我的专业没问题了，也需要多了解一些教学方法，这样能够确保各种各样的学生都能得到有效引导。”

汉密尔顿得到母亲的启发，联想到自己的拖延习惯后，一时感到满心羞愧，当场向母亲保证要改掉这个坏习惯，由此向着世界冠军的目标迈开了脚步。

我国明朝钱鹤滩《明日歌》曰：“明日复明日，明日何其多。我生待明日，万事成蹉跎。”从大的角度来讲，我们在孩提时期应该干孩子的事，青年、成年和老年，也都有自己应该干的事情。从小的角度来讲，我们每一年和每一天也都有既定的事情要完成，如果你在规定时间内没有完成，那么就势必侵占明天的时间，如此就会增加明天事情的完成难度，直到有一天幡然悔悟，你才发现自己什么都没干。这个道理何其浅显，但是在我们的生活和工作当中，又有多少人被拖延症困扰，而始终无法拯救自己。

因此，当你做出一个决定的时候，必须要足够慎重。而在这个决定做出之后，就不要再有任何质疑，哪怕你遇到了各种棘手的情况。这里存在一个最简单的道理，任何事情的完成都不可能一帆风顺，如果你总是在开始做一件事之后因为险阻而作罢，就会不停地去做各种事，却一件事都做不成，如此注定最终会失败，这也是某种意义上最大的拖延。总而言之，只要你想好了要做某事，在避免莽撞的前提下，就应该尽快开始行动，并且根据实际情况及时调整自己的应对策略，而不是陷在犹豫和拖延当中浪费大好时光。

## 3 到什么山头唱什么歌

人好刚，我以柔胜之；人用术，我以诚感之；人使气，我以理屈之。

——金缨

崇祯皇帝是我国明朝最后一位皇帝，在很多人眼中，他是非常固执和死板的。但是在继位之初，他却做了一件非常聪明的事情，由此可以看出，彼时的他做事还是比较懂得机变的。

当时，魏忠贤作为把持朝政的权臣，在崇祯继位之初可谓势力遮天。通过隐忍待发，崇祯终于在魏忠贤放松警惕后，一步步掌握了国家权力，同时不断剪除了魏忠贤的势力。等到魏忠贤终于反应过来，崇祯皇帝已经羽翼丰满，最终成功将他的势力剿灭。

虽然剿灭了魏忠贤的庞大势力，但接下来的事情反而更棘手，因为魏忠贤培植的势力实在太大，几乎每个人都和魏忠贤存在联系。如果把这些人全部除掉，阉党的势力虽然能够肃清，但这样做不仅会导致对方的拼死反扑，而且国家机器的运转也会出现人力不足。

更重要的是，魏忠贤倒台以后，所有和他有染的人也都忐忑不安，谁都不知道自己会不会是下一个被清除的对象。为了稳定大家的心态，从而维持国家的正常运转，崇祯在一次朝会的时候，命人抬上一箩筐书信，这些都是从魏忠贤家中搜出来的，此时也都成了大臣们和魏忠贤勾结的证据。

然而，崇祯之所以让人抬上这箩筐书信，并不是为了问责，而是当着大家的面把书信全部烧掉，同时许诺从此不再追究阉党的过错。如此一来，大量和魏忠贤有染的官员，都长长地松了一口气，接下来也可以安心开始自己的工作了。

可惜，明朝的党争到崇祯一朝已经积重难返，被烧掉的大筐书信，也成了他内心当中永远抹不去的阴影。因此，崇祯的内心越来越多疑，行动也越来越固执和偏激，直到被李自成攻破京城，自缢煤山。

众所周知，明朝是有两座都城的，在另一座都城南京，还有完备的国家建制。此外，山海关也在明朝军队的控制当中，被李自成和满清控制的地域并不大，其当时最大的威胁满清铁骑，入关不过区区六万人。如果崇祯皇帝能够到南京登高一呼，凭借明朝的残存家底，还是有希望东山再起的。然而，此时的崇祯经过长时间环境压抑，早已丧失了继位之初的灵活多变，以至于在统治末期昏招迭出，连自己的命都结束在了自己手里。

那些为人正派、做事中规中矩的人，常常能够赢得人们的信任和尊重。但这些人却往往缺乏机变能力，如果让他们按部就班地执行工作，通常能够完成得很好。而一旦让他们去主持和领导工作，则大多会把事情搞得一团糟，因为很多问题并不是靠原则就能得到解决，即便需要原则，也必须有所变通。更重要的问题是，那些不懂得做事留有余地的人，最终也会让别人把自己逼上绝境，因为他们已经把所有人都得罪光了。

有时候，我们不免感到委屈，自己每天勤勤恳恳地工作，为什么就是得不到领导的重视呢？而那些每天溜须拍马的人，却总是能够讨得老板的欢心，升职加薪的路走得比哪个同事都快。有时候，你觉得自己是秉公办理某事，完全没有偏袒谁，结果却惹来当事双方的共同仇恨。还有的时候，你耐心地和某人讲道理、摆事实，却得到对方不屑一顾的嘲讽，甚至觉得你在多管闲事，没事找事。其实，这往往是因为我们太认死理了，只要你改变一下自己的观点，看看自己的想法和做法有没有顾及对方的感受，很多问题都将会迎刃而解。

俗话说“到什么山头唱什么歌”，就是告诉我们不要把自己的所谓原则太当回事。适当地改变自己，以适应别人和大环境，就是最大的成功，千万不要让原则成为你的绊脚石。尤其是在和别人产生矛盾时，如果你撑起自己的棱角，最终将会伤人害己；而如果你能够收起自己的棱角，使自己变得圆滑，则能够不着痕迹地与对方擦肩而过，如此双方都能够完好地保全自己。

其实，无论我们做什么事，最终都逃不过人情二字，而人情绝不是靠着一板一眼就能够赢来的。而是需要我们不断地变通，就好像水一样，看似柔弱无比，也完全没有自己的形态，实际上却是在不断地改变自己的形态，而且总是朝着自己的目标不断前行，直到奔腾入海，掀起惊涛骇浪。

## 4 细节铸就完美人生

把每一件简单的事做好就是不简单；把每一件平凡的事做好就是不平凡。

——张瑞敏

同样是做一件事，有的人一丝不苟，每个细节都能够关注到；而有的人却总是马马虎虎，得过且过。如果是单纯的一件事，这两种人产生的差距也许并不大，但是在时间积累到一定程度后，他们的之间的差距就会一点点拉大，直到完全无法弥补。应该说，我们每个人都在期待升职加薪，但是如果此刻的你仍在马马虎虎和得过且过地进行工作，这一愿望恐怕永远都只能是愿望。因此，静下心来把工作做到位，认认真真地关注到每一个细节，才是你最应该养成的习惯。

与此同时，到位与不到位，还存在一种阔步前行和原地踏步的差别。如果你在做事的时候总是不到位，那么你的能力将很难取得进步，相反还可能处在不断的退步当中。由此产生的负面情绪，更是会与你的糟糕境遇形成恶性循环，从而使你陷在泥潭当中无法自拔。而如果你能够把所有事情都做到位，在不断精益求精的过程中，你的能力势必大幅提高。当你的能力提高时，也会让你产生积极主动的正面情绪，这样就能够使二者形成一个良性循环，直到你取得预期的成功。

一次，世界首富比尔·盖茨来北京访问，担任微软中国区总裁的唐骏全程陪同。当比尔·盖茨经过长途劳顿，终于降落在北京的时候，肚中的饥饿感也随之产生。由于平常对美食信息比较关注，比尔·盖茨知道来北京一定要吃烤鸭，于是半开玩笑地随口对身边陪同人员说了一句：“要是有烤鸭吃就好了。”

此时，已是凌晨两点，比尔·盖茨驱车赶往酒店后，只有短短15分钟的就餐时间，然后必须尽快休息，以确保第二天的工作顺利完成。当时，所有人都把比尔·盖茨的话当成了玩笑，就连他自己也不例外。

然而，就在比尔·盖茨到达酒店后，一只香喷喷的烤鸭已经送到了他的房间。经过询问他才知道，唐骏知道他对美食比较有研究，每到一个地方都要品尝当地的美食。这次来北京访问，由于时间安排得比较紧张，工作人员没有安排这一环节。



不过，做事一丝不苟的唐骏并没有轻易放过这一细节，因而提前准备好了一只味道纯正的北京烤鸭，并且交给酒店厨师打理，随时准备端给比尔·盖茨享用。虽然是一只小小的烤鸭，但是唐骏这种做事关注细节的习惯，当然也会表现在他的工作上，这就是让他赢得比尔·盖茨青睐的重要原因。

万事做到位，不仅是一种重要的职业素养，同时也是一种良好的生活习惯。只要养成了这样的习惯，你就能够把事情做得非常漂亮，并且越来越漂亮。唯有如此，才能让领导赏识你、器重你，犹如案例中的比尔·盖茨，在他吃到那只香喷喷的烤鸭时，感受到的难道只有食物的美味吗？当然不仅如此，他还会意识到唐骏的细致入微，以及做事到位。在不久的将来，如果有更重要的任务，必须交给足够细心的人去负责，至少唐骏的名字会在他的脑海中闪过。

在此，我们必须谨记，做一件事和做好一件事是完全不同的两个概念。做一件事，只能说明你和这件事发生了交集，这件事有没有因为你变得更好，你有没有因为这件事得到能力上的提高，都要打上一个大大的问号。但是，如果你能够把一件事做好，首先说明这件事因为你的努力更加完善了，而且在你完成这件事的同时，也一定得到了能力上的锻炼，同时也会让你拥有更加强大的自信心。这样看似差别不大的两个做法，在时间的放大下，最终势必产生天壤之别的差距。

最后，做事到位还表现在全面深入地了解一件事上。有些时候，并不需要你把某件事完全吃透，就能够把这件事顺利地完成。在这种情况下，很多人都会放弃继续深入研究，因为这样做意味着继续付出和投入，因而从此停留在当前层面上得过且过。殊不知，眼下的方法费时费力，无论从质量还是从数量上来讲都差强人意。而如果你能够完全把这件事吃透，则能够省时省力，最终无论是在数量上还是在质量上都将形成巨大的突破。何况，哪怕你此时的方法省时省力，随着客观环境的发展变化，如果你仍然保持一成不变，也将被时代的潮流淘汰掉。

所以，我们无论做任何事，都要确保做到位，千万不要等到巨大的落差出现后，才后悔莫及，让自己从此陷入负面情绪之中。

## 5 事半功倍，遵循规律是关键

> 如果说金钱是商品的价值尺度，那么时间就是效率的价值尺度。因此对于一个办事缺乏效率者，必将为此付出高昂代价。
>
> ——培根

俗话说“做事不由东，累死也无功”，原本的意思是说：雇工在给东家做事的时候，一定要按照东家的意愿去做，哪怕东家的意愿存在问题也不例外。因为雇工的最终目的是获取酬劳，而获取酬劳的首要前提就是东家满意，做工的质量和效率也就成了次要问题。为什么会有这样的言语出现呢？实际上，这是雇工多年总结下来的经验，因为他们曾经高度追求工作的质量和效率，但最终却因为东家不满意而发生各种矛盾。尤其是一些涉及个人审美的工作，通常都是见仁见智的问题，可能所有人都觉得这样做不好，恰恰东家觉得满意，那么东家的意见就是正确的，因为他才是支付酬劳的那个人。

对于我们来说，不管做任何事，都要找到其中最为核心的那个环节。至于这个环节，有时候是一个人，但更多的时候却是所涉事物的客观规律。比如很多父母都非常疼爱自己的孩子，都希望他们能够拥有一个美好的未来，并且不惜为此付出高昂的代价。可惜结果却事与愿违，孩子们不但前途暗淡，而且丝毫不会感谢他们。我们为什么会出现这种情况？究其原因，正是因为父母们没有遵循孩子的成长规律，不知道他们真正需要的东西是什么，甚至不知道他们真正想要的东西是什么。

在工作中，很多人只知埋头苦干，从来不曾在领导面前邀功，心里想着总有一天会得到领导提拔，结果却只能在基层岗位默默无闻地工作。另有一些人，每天只是像苍蝇一样围着领导团团转，虽然好话说尽，却一点工作能力都没有。事实上，以上两种人的特点只要中和一下，或者说只要他们相互学习一下，在自己拥有一技之长的同时，再懂得如何去讨领导的欢心，何愁工作当中不能升职加薪。如果在寸步难行的时候，只会埋头苦干的你更加努力地埋头苦干，或者只会溜须拍马的你更加溜须拍马，显然都只能收到适得其反的效果。

恰当地把握时机，对于我们达成自己的预期目标，也是非常重要的因素。如果是在私下场合商议，或者在公开场合商议，可能会得到完全不同的结果。比如你公开和某人商议某件事，对方可能会觉得自己的隐私受到侵犯，甚至觉得自己的尊严受到伤害，那么对方肯定不会给你满意的答案。而如果你在私下里与对方商议，则完全不会让他产生这样的顾虑，说不定就能给你一个满意的答复。当然，如果对方顾于颜面不得不在公开场合答应你某事，而私下里反而不会答应，你也可以反其道而行之。这些做法都需要我们根据实际情况，灵活机变地加以把握。

扬长避短也是一种做事技巧。对于我们每个人来说，都是集缺点和优点于一身的，那些看似完美无瑕的人，往往只是将缺点遮盖得完美无瑕。因此，我们千万不要总是纠结于自己的缺点，全面努力发挥自己的长处，借此来争取优势。至于我们的缺点，如果能够改正或者补足，必须从这一刻开始全面改正和补足。如果是先天性缺陷，无法通过主观努力改变，也要大胆地接受，切忌因此而感到自卑，从而使自己的情绪长期受到负面影响。

人们常说“多劳多得，少劳少得，不劳不得”，如果时至今日你仍然保持这样的想法，那么只能说明你已经过时了。因为在你愿意付出比别人更多的努力时，如果只是傻干蛮干，而别人则是巧干妙干，最终得到的收获很可能也会比你更乐观。这就需要我们在正式开始做一件事之前，首先把整件事摸清捋顺，所谓“知己知彼，百战不殆”，不仅包括我们对敌我的了解，同时也包括对敌我环境的了解。当你能够拥有成竹在胸的把握，并且按照客观规律分析和执行，就能够收到事半功倍的效果。

总而言之，任何事情都有它的运转规律，任何人也都有他的喜好需求。如果我们能够摸透某件事的运转规律，以及某个人的喜好需求，就能够搞定这件事和吃定这个人。相反，如果你总是按照自己的主观想法做事，或者根据自己的主观臆测与人相处，只会把问题弄得越来越糟糕。哪怕你最终完成了这件事，或者初衷是好的，也将捞不到一点功劳，甚至连苦劳都没有，是为“做事不由东，累死也无功”。

## 6 增加认知，走自己的路

走自己的路，让别人说去吧。

——但丁

我们在为自己的人生进行奋斗时，难免会用成功作为目标。然而，究竟什么是成功？却少有人认真思考。简单来说，成功与否的关键，并不在于成就大小，而在于我们是否真正地实现了自我。什么是自我？就是通过全面深入地思考，确立能够为之奋斗终生的目标，就算最终未能成功，并且付出了大量的时间和精力，甚至有可能为之牺牲，也无怨无悔。只有这样，我们才能勇往直前，即使遭遇巨变，也能够让内心世界处在平和当中，更不用担心别人怎么看，从而排解掉一切负面信息地干扰。

当然，所谓成功需要得到大家的认可，但是我们更加需要弄清的是，就算所有人都不认可我们的奋斗过程，只要你能笑到最后，还是会得到大家的认可。相反，如果你总是按照大多数人的意见去做事，也许不会被大家说三道四，却难免深陷碌碌无为之中，最终恐怕也无法获得成功。要知道，成功的模式不可复制，如果大多人的说法都是正确的，那么他们都将是成功者了，也不会在那里让我们议论纷纷。

何况，每个人生长的环境都不一样，对待事务的认知程度也不一样，因而每个人的意见都会不尽相同。面对这种情况，如果我们过于看重别人的说法，早晚会乱了阵脚。更加严重的问题是，如果我们总是听别人怎么说，就会忽略甚至放弃主动思考。尤其是对于一些年轻朋友，可能曾经得到过一些长辈的指点，并且因此而受益。从短期情况来看，这些人的境遇是很好的，但是从长期角度来看，如果他们不能及时培养出自己的个人能力，迟早会在竞争洪流中被淹没。

相信很多人都读过这样一个案例：

有一位老人骑着驴子去镇上买东西，去的时候很高兴，回来的时候却出问题了。

当时，老人让驴子驮着一袋面粉，然后牵着它往回走。这个时候，有路人从旁议论，认为老人很不厚道，那驴子又老又瘦，还让它驮这么重的东西，走这么远的山路。老人不希望别人说自己不厚道，只得将那袋面粉扛在肩上，牵着光秃秃的驴子继续赶路。

很快，又有路人议论，驴子本来就是用来驮东西的牲口，老人放着它不用，偏偏自己扛面粉，难道是脑子害了病。老人无奈，只能扛着面粉跨上了驴背，就这样一路赶回了家。等到他进入村子以后，几乎所有人都跑出来看热闹，因为他们还从来没有看到过有人这样做。

老人只是无奈，后悔自己最早就应该让驴子驮着面粉回来，完全不听别人的议论。



其实，无论是什么人的意见，我们仅仅拿来作为参考即可，建立自己的主观想法才是最重要的。原因很简单，如果我们有自己的主体思想，就能够通过别人的意见来进行反复推敲。然后，在“有则改之，无则加勉”的原则下，不断让自己的想法成熟，直到臻于完美。如若我们没有建立自己的主体思路，那么任何一个人的意见，都可能会让我们推翻此前的想法，成熟思路的建设势必将无从谈起。我们在日常的生活和工作中，时常会不经意地陷入犹豫不决之中，就是因为无法将主体思路和参考意见分离开来。事实上，没有任何一套方案能够确保万无一失，我们修补了某些漏洞的同时，可能也会打开另外一些漏洞，因而只要尽可能地多补救一些漏洞就可以了。

众所周知，贝多芬小时候被老师断言，绝对成不了音乐家；达尔文决定进行科学研究的时候，被父亲怒斥为不务正业；爱因斯坦提出很多创造性思想，被当时的很多同行嘲讽为满脑子胡思乱想；牛顿把功课丢在一边，全心全意搞科学研究，也曾被人称为“傻子”。然而，是什么让他们终成一代大师呢？答案很简单，那就是他们对别人的评价从来都充耳不闻，他们乐此不疲地做着自己喜欢做的事情，最终不仅完成了伟大的成绩，还为全人类做出了杰出贡献，那些曾经嘲讽过他们的人只剩下羞愧难当的份儿。

与此同时，我们也不应把自己的目标定得过高，那非但不会对你提供帮助，还很可能会带给你更多困扰。比如你喜欢唱歌，不必非要让自己成为一线歌星，毕竟能够成为一线歌星的人凤毛麟角，而且需要各方面的条件和因素。你要知道，自己喜欢唱歌，只能是因为唱歌本身能够带给你快乐，如果非要在唱歌上强加一些不合实际的要求，最终很可能连唱歌的兴趣都会被磨灭掉。当然，每个人都应该追求更好的生活和事业，但我们只要做好准备即可，脑子里装满了远大目标，只能让每分每秒都过得漫长而痛苦。

很多时候，你之所以会在意别人的看法，正是因为你看重他们所说的。同样以一线歌星为例，如果你只是想让自己唱歌放松一下，为自己同时也为朋友带来一点欢乐，即使别人明确指出你成不了一线歌星，你也不会发脾气。因为你根本不在乎自己能否成为一线歌星，别人对此的评论也就可以忽略不计了，而且在你的完全漠视下，他们也将很快失去议论的欲望，反之则会加大他们的议论兴趣。如果有一天，幸运忽然降临到你的头上，让你得到了成为一线歌星的机会，你同样也能够以平常心对待。

## 7 见贤思齐，把自己当成学生

人永远是要学习的。死的时候，才是毕业的时候。

——萧楚女

聪明人总是遵循这样两个原则：一是与人合作，二是向人学习。其中，向人学习是最重要的，因为我们所处的环境势必处在时刻变化当中，而我们想要适应这种变化，就必须不断地学习。仔细想来，之所以你能够取得现在的成绩，也是因为曾经积极努力地学习过，并且辛辛苦苦地打拼过。任何试图放弃学习和勤劳的举动，都是在试图抵御正常的事物发展和运转规律，最终是难免要失败的。因此，如果你想要成为一个聪明人，无论到了什么时候，也无论在什么情况下，都要坚持学习，尤其在遇到一些优秀的人时更应如此。

需要注意的是，学习也包括一些不知不觉中的影响，或者称为不自知状态下的学习，说白了就是别人对我们产生的一些无形当中的影响。古语有训，“近朱者赤，近墨者黑”，任何与我们发生接触的人，都可能对我们产生影响，包括好的方面和坏的方面。对于这类影响，基本是无法把握的，我们要做的事情，只能是在选择朋友的时候主观考量一下。如果他们的价值观与你有所不同，最好敬而远之，即使迫不得已要在一起共事，也要注意防微杜渐。退一步讲，即便是与那些价值观相同的朋友接触，也要注意学习他们的优点，同时以他们的缺点为戒。

当然，把自己当成学生不仅是一种意识，同时也是一种态度和习惯。所谓“三人行，必有我师”，即便是那些看似毛病满身的人，也大多会有值得你学习的地方。因此，不管面对任何人，我们都要保持一副谦逊的姿态和心态，这样也能够让别人对你产生好感，从而在你需要帮助的时候轻松得到援手。也许在面对地位和身份比自己高的人时，我们很容易就能够做到这一点，但是在面对身份和地位比自己低的人时，很多人却非常容易生出傲慢之心。因此，我们有必要时刻提醒自己，越是面对身份和地位比自己低的人，越是应该保持谦恭的心态和姿态。

日本著名经济学家手岛佑郎曾经发表过一个著名观点：穷，也要站在富人堆里。意思是说，如果你想要成为富人，最好的方法就是和富人站在一起，言外之意就是要向富人学习经商智慧。

手岛佑郎是著名的犹太文化研究专家，他的这一观点建立在大量的研究案例上，在当时曾经引起世界经济学界的不小轰动。对于穷人和富人的观点，手岛佑郎的一个主要观点是，那些一直处于贫穷状态的人，只是看到了富人的财富，而没有看到他们的经商智慧，同时也就无法学习他们的经商智慧。

为了证明自己的观点，手岛佑郎还进行举例说明，分别介绍了一个穷人圈中的领导者和一个富人圈中的普通人。虽然领导者在自己的圈子里呼风唤雨，而普通人在自己的圈子里默默无闻，但是普通人比领导者的财富却要高出数倍。

手岛佑郎由此得出结论，“宁为鸡头，不做凤尾”的哲学已经过时，“宁做凤尾，不为鸡头”的时代则已经到来。得到这一观点的影响，很多商人开始注重自己的关系建立，在不断学习的主观意识作用下，越来越多的人加入富人行列中。

相信很多人都有过这样的经历，每天早上起来的时候，心情本无所谓好坏。但是一不小心接触了一个焦躁不安的人，自己的一天也会变得焦躁不安，而如果能够碰到一个乐观向上的人，自己的一天却能够过得轻松愉悦。要知道，各种情况的发生虽然是偶然的，但是其产生的结果却是带有理论依据的必然产物。在此基础上，如果你每天和一个焦躁的人待在一起，久而久之也势必变成一个焦躁不安的人。如果你每天都和一个乐观向上的待在一起，那么即使你的心情偶遇低谷，也最终会被对方带入快乐世界。

更加可悲的是，很多人在遭遇困境的时候，总觉得问题出在别人身上，甚至还会怨天尤人，试图把责任推个一干二净。在这种情况下，那些优秀的人不仅不会成为你学习的对象，反而会成为你羡慕嫉妒恨的对象，结果可想而知。俗话说：越是抱怨的人，越是失败；越是失败的人，也会越抱怨。因此，当我们遇到所谓的不公现象时，适可而止地发牢骚还可以，完事之后应该立即向对方展开学习，争取早一天超过他们，即便是不公也让自己站在“食物链”的制高点。

翻开那些成功人士的过往经历，学习总是不时出现在他们的世界中，很多人更是把学习当成自己的毕生习惯，甚至挂在口头不断宣扬。为此，如果我们也想获得成功，谦虚谨慎的学习心态绝不可少，自负自傲的负面情绪则决不能有。要记住，如果你想成为自己眼中的某个人，最好的方法是把他当成朋友，然后向他虚心学习，直到将其超越。只有怀揣着这样的心态，你才能最终走向成熟和成功，并且从此过程中养成良好的心态，同时为自己的好脾气奠定基础。

## 8 成熟的麦子懂得弯腰和低头

韩信忍于胯下，卒受登坛之拜。张良忍于取履，终有封侯之荣。

——吴亮

麦穗刚刚长出来的时候，是直指天空的，但是当它变得成熟而饱满时，却总是垂下来面向地面，同时整株麦子也会微微地弯下腰。当然，在满目金黄当中，也会有几个麦穗在变黄之后仍然直指天空，仔细一看就会发现，这些麦穗里都是一些干瘪的麦粒。推此即彼，当一个人足够成熟和饱满之后，也一定是懂得弯腰和低头的。这不是为了屈从，而是为了赢得所有人的好感，从而更好地保全自己。

在生活和工作中，如果你太过刚直，就会露出锋利的锐角，很容易割伤别人。而一个经常割伤别人的人，也注定会站在大家的对立面，最终难免被排挤出局，并因此遭遇失败的下场。如果我们生活的圈子中所有人都如此，那么将无异于一群刺猬，只能在相互的刺痛中艰苦度日。相反，如果我们能够稍稍收起棱角，或者说收起毒刺，则能够获得彼此的理解和信赖，从而营造出一个和谐融洽的气氛。

在加拿大魁北克的一条山谷中，出现了一幕神奇的景象：山谷的一面花草相映，各种树木欣欣向荣，而在山谷的另一侧，则只有一些低矮的草类和一种名为雪松的树木。原来，山谷的一面能够接受日光直射，就算落下积雪，也能够迅速融化。而另一侧则因为无法接受日光直射，积雪几乎长年不化，并且附着在所有植物上。

当积雪的重量达到一定程度时，大部分植物都会因为承受不住压力，而被压断或者枯死，并且越是坚硬的植物，越是难逃此命。然而，雪松却因为枝条柔软，而在风雪中默默地弯下了腰。当气温有所上升时，尽管积雪不会完全融化，但还是会顺着下垂的枝条，一点一滴地落到地上，从而减轻雪松的压力。

久而久之，其他树木渐渐消失了踪影。而雪松则因为其耐寒的本性，以及枝条柔软的特质，生长得越来越旺盛，直到整面山谷长满了雪松。如今，这条山谷的背阴一面几乎完全被冰封雪藏，但是在冰雪下面却有数之不尽的雪松，盛夏季节就会呈现出一片生机无限的绿色。

俗话说，越是锐利和坚硬的东西，越是容易折断。而那些迟钝和柔软的东西，虽然在遇到压力时会暂且弯曲，却终不至于被折断，等到压力过去之后，也能够顺利恢复原貌。我们由此可以得出结论，作为一个成熟的人，自然需要有刀锋一般的锐利，但是绝不能轻易展露出来。我们要学习外圆内方的智慧，要懂得如何圆滑地处理各种原则性问题，从而把自己打磨得足够灵活和机智。

除此之外，我们还要懂得如何处理一些琐事，尤其是那些无关痛痒琐事。很多人在日常生活和工作中原则性太强，总是抱着非黑即白的原则做事，这样看似“眼里不揉沙子”，实际上处处都可能留下隐患。暂且不说可能产生的各类反弹，仅仅从我们的情绪出发，就会受到很多负面影响。毕竟，对于大多数人来说，一些鸡毛蒜皮的事情就得过且过了，如果你总是抓着这些事情不放，不仅浪费精力，同时也会影响情绪。

可惜，有些人就是喜欢斤斤计较，有时候甚至为了争论而争论，也就是我们通常所说的“抬杠”。为什么我们的身边总有人喜欢“抬杠”呢？其实原因很简单，那就是他们总希望通过自己的争论，强行让我们接受他们的观点，从而达到改变我们的目的。当然，如果你也是一个喜欢“抬杠”的人，这一魔咒也会在你身上作祟。对此我们不禁要问，“抬杠”真的能改变对方或者解决问题吗？答案恐怕是否定的，并且相反，那只能让问题变得更加糟糕，倒不如虚心听取别人的意见，思考一下别人的说法是否有道理，然后择优接纳。

所谓“忍一时风平浪静，退一步海阔天空”，我们只有忍人所不能忍，才能成人所不成事。而且当你能够真正地静下心来，就会发现根本不存在忍不忍的问题，因为你已经能够客观合理地分析和思考问题了。审视我们身边的那些优秀人士，机智灵活者只能被称为聪明，不计较细小的得失，既懂得谦虚礼让，能够忍人所不能忍，则终将会成为道德上的楷模。而作为一个足够机智灵活，又在道德上占据制高点的人，又有什么道理不取得成功呢？

事实上，即便你是一个占据各种资源优势的人，同时自身也非常优异，也要尽量保持低调做人。这就如同真正有钱的人总是说自己没钱一样，因为他们担心巨额的财富会为自己招致麻烦，甚至招致灾祸。一个真正有才能的人，同样会顾虑自己的麻烦和灾祸，因而总是内敛锋芒，只有到合适的时机才会展露出来。而这样的展露，大多能够产生一鸣惊人的效果，名声在外的他们即便再怎么低调，也会自然而然地得到别人敬重，根本不必去争夺什么。

当然，处在当下这样一个竞争激烈的社会环境，很多东西也是需要我们主动争取的。但是这并不意味着我们可以不择手段，甚至采取各种极端方法，这样即便取得了最终的胜利，也无法让对手心悦诚服，将来很可能会为自己带来更大的麻烦。所谓“君子爱财，取之有道”，我们一定要建立成熟的原则，然后严格按照这个原则去为人处事。比如“君子好成人之美”，对于那些可做可不做的好事，要尽量去做；而对于那些可做可不做的坏事，则坚决不做。这不仅是一种难得的智慧，同时也是一种高贵的道德，它可能会让我们丢掉一城一池，但是终将会让我们赢得天下。

# 9 能够左右世界的人，都能够左右自己

越是没有本领的就越加自命不凡。

——邓拓

凭借“初生牛犊不怕虎”的锐气，很多人都曾树立远大理想，有些人甚至想过改变这个世界。但是当我们进入社会，被残酷的事实一次又一次打击，却少有人再提及当初的远大理想。然而，在太多的人看来，之所以会出现这种情况，都是因为社会的问题，以及别人的问题，总之就是没有自己的问题。拥有这种想法的人，注定会成为失败者，因为世界不会因为任何一个人而发生改变，任何被孤立的人，实际上都是自己孤立了自己。因此，我们要做的就是努力改变自己，直到能够完全适应身边的环境，最终融入整个世界。

俗话说：“你变了，世界就变了。”当你不再顽固不化，懂得按照游戏规则办事，能够理解并照顾别人的利益和感受，就会在整个世界中左右逢源，如鱼得水。放眼看看那些成功人士，他们之所以取得成功，难道真的是我们口中所说的那些原因吗？众所周知，很多生来富贵的人，最终落得家破人亡，并不在少数；同时也有很多出身寒微的人，通过自己的一番努力打拼，最终功成名就，跻身上流社会。可见，先天的优势固然重要，但更重要的是我们自身的能

力是否够强。所谓“欲戴王冠，先承其重”，没有人可以抛开所有责任，只享受无边的权益。

人性当中总会伴有一些负面因子，比如我们的惰性，每个人都是与生俱来。在这一本性的作用下，我们很容易就会患上拖延症，以至于把很多事情都搞得一团糟。试问，如果你带着这样的恶习进入职场，哪怕遇到相对宽容的上司和老板，他们能够因为你的年轻而原谅一次两次，久而久之必定对你失去耐心，最终也只能请你另谋高就。当然，惰性只是诸多负面因子中的一项，而且由于每个人生长的环境不同，各种各样的负面性格都可能出现在我们身上。因此，千万别说自己没问题，也绝对不要拒绝改变，这将会成为你最大的问题。

拿破仑出生在一个没落的贵族家庭，父亲为了振兴家业，费劲心机将他送进贵族学校。在这里，真正的贵族们自成一派，每天以奚落和嘲讽拿破仑这样的没落贵族为乐。拿破仑对此感到极为愤怒，但是他不能浪费父亲辛苦创造的条件，因而选择了默默忍耐。

后来，拿破仑实在坚持不下去，向父亲提出了退学的想法。父亲却劝导他说：“既然你很愤怒，为什么不选择驾驭愤怒呢？那也是一种强大的力量啊。”

驾驭愤怒？对于当时的拿破仑来说，这样的话无异于天方夜谈。但是，生性聪慧的他，很快就明白了父亲的用意，所谓的驾驭愤怒，其实就是驾驭自己。于是，在长达五年的求学生涯中，拿破仑的每一次被羞辱，都化作了努力学习的动力，因为他要改变自己的命运，要让自己成为一个真正的贵族。

由于在校期间的优异表现，拿破仑在参军之后得以进入重要部门，并且很快得到长官的器重。而那些曾经嘲讽他的贵族同学们，则一个个担任着无足轻重的虚职，一旦其家庭势力没落，连如此可怜的饭碗都会丢掉。

就这样，情况发生了逆天转变，当拿破仑成为军队中冉冉升起的新星时，很多曾经无情嘲讽他的朋友，都主动凑到他面前套近乎，他们大谈当年的同学情谊，以便赢得拿破仑的一点好感。即便是那些仍旧有权有势的人，也在努力结交拿破仑，总之整个世界的情况都因为拿破仑自身的转变，而发生了转变。

对于大多数人来说，也许无法成就惊天动地的事业，但是只要我们想要取得成功，成功把握自己就是必不可免的。为什么一定要如此呢？原因很简单，我们只有在完全把握自己的情况下，才能够赢得别人的信任。想象那些失信于人的经历，难道不是因为你原本可以做到，然后答应了对方，最终却因为掌控不了自己，而把事情搞得一团糟吗？既然连你自己都左右不了自己，别人又怎么可能信任你，进而交给你更大的任务？

不要以为自己一定能够把想象中的事情做好，尤其是在你连眼下的小事都做不好的时候。唉声叹气和怨天尤人改变不了你的境遇，眼高手低和纸上谈兵只会让你错失大好时机，唯有锻造出一个禁得起风雨的自我，才能把整个世界装进胸膛。古人说“千里马常有，而伯乐不常有”，因而怀才不遇被很多人拿来感怀。事实上，伯乐难寻，千里马更难寻，如果我们能够跑在所有千里马的前面，伯乐必定会挤破脑袋来找你。相反，如果你只是一匹弱马甚至病马，即使跑到伯乐跟前，也不会被正眼瞧一下。

可以说，世界充满了未知的因素和已知的变数，不可能完全受某个人的掌控。因此，我们能做的事情，仅仅是充分把握好自己，知道自己想要什么，能要什么，然后认认真真地切实执行到位。只要我们能够将此养成习惯，哪怕是圆满完成一件很小的事情，也能够赢得身边的信任，如此就为自己的未来储蓄了一份资源和力量。当我们所做的事情足够多，信任我们的人足够多，对我们的信任程度也足够高时，一个全新世界的大门就可能随时敞开了。

总而言之，世界和你不是对立的，这个世界上的事情也并不是非黑即白的。我们通过自己的努力，可以不同程度改变世界，但前提是你必须首先改变自己。因为只有改变自己，你才能适应整个世界，从而真正地了解整个世界。也只有在你了解了整个世界之后，才有最基本的发言权，进而按照自己的个人意志对其施加影响，直到完成自己的夙愿。如果把世界比喻成大海，那么我们就是大海中的一颗水滴，大海可以因为水滴的运动改变流转方向，但是从来没有一颗水滴会离开大海。

## 10 羡慕别人，不如羡慕自己

无论何时，只要可能，你都应该“模仿”你自己，成为你自己。

——莫尔兹

西方有一句著名的谚语：“如果你单单想获得幸福，并不是一件苦难的事情；但是大多数人都喜欢比别人获得更多、更大的幸福，事情就会变得复杂而艰难了。”由此可见，我们排除羡慕的最好方法是避免比较，没有比较就没有差异，没有差异也就没有羡慕。更重要的问题是，在你羡慕别人的优势时，对方很可能也在羡慕着你的优势。也许你正在羡慕有钱人的一掷千金，但有钱人也许正在羡慕你的大把时间，或者羡慕你是如此的年轻力壮。

之所以有些人会感到烦恼，大多是因为与人对比之后的失落感，有些人甚至因此而妄自菲薄。事实上，每个人都有自己的生活方式，而生活方式根本无所谓好坏，唯一的区别只有适不适合。当你看到某影视明星光芒四射的时候，可能会认为他的人生非常精彩，但只要你能够仔细观察，就会发现任何一个行业当中都有人活得很精彩，比如科学家钱学森，农学家袁隆平，学者易中天。同理，任何一个行业中也都有一些默默无闻的人，包括影视行业中那些不入流的小演员。

因此，从事什么行业并不重要，此时的境遇如何也不重要，重要的是我们能否放下攀比之心，沉心静气地进行自身修为。比如英国历史上的著名政治家丘吉尔，曾经带领英国人民和法西斯进行英勇斗争，取得的人生成就堪称辉煌。但是当有人问他有什么理想时，这位让人敬仰的政治家却说：“我希望能去我弟弟的农场，每天和他一起挖土豆，就像我们曾经做过的那样。”丘吉尔想要去挖土豆，这与其说是一种希望，不如说是一种心态。作为一位世人敬仰的政治家，虽然看似已经名利双收，但是如果他没能守住自己的心，更大的欲望还是会把他吞噬。

有一个农夫每天进山砍柴，然后背到集市上卖掉，以此维持生计。日复一日，年复一年，他最羡慕的就是太阳，因为太阳每天挂在天上炙烤万物，谁见了它都要低头。有一天，农夫下定决心要变成太阳，于是去求山里的神仙。神仙神通广大，立即满足了他的要求，于是农夫变成了太阳。

一如自己所期待的，农夫变成太阳后每天照射万物，山川河流都要仰望他。然而，一片乌云滚滚而来，将他的光芒遮了个严严实实。农夫废了九牛二虎之力，却无奈乌云又宽又厚，完全遮住了他的光芒。

农夫无奈，只好又去求神仙，让自己变成乌云。很快，他又心满意足了，虽然万物都会对太阳俯首称臣，但是变成乌云的他，随时都可以把太阳的光芒遮住。为此，太阳对他可谓恭恭敬敬，一点脾气都没有。

可惜好景不长，当他又一次想要遮蔽太阳的时候，一阵狂风将他吹到了天边。农夫连想都没想，直接去找神仙，表明自己想要成为狂风，神仙也再一次满足了他。于是，农夫化身狂风，到处耀武扬威，乌云更是看见他就躲得远远的。

然而，狂风天不怕地不怕，却对一座山无计可施。当他吹到这座山的时候，不管怎么卖命地吹，大山就是岿然不动。农夫没办法，再次跑去找神仙，这次他想要成为大山，同样得到了神仙的允许。

但是在成为大山之后，农夫又一次大失所望了。冬天的时候还好，山峰高耸入云，狂风再怎么肆虐也奈何不了自己。但是到了夏天，尤其是到了雨季，各种草木竞相生长，完全遮盖了他的身躯，以至于他连太阳都难以看上一眼。为此，他又跑去找神仙，想要变成草木，结果再次如愿。

这一次，农夫后悔的时间更短，因为仅仅在当天，就有人进山砍柴。至此，农夫终于大彻大悟，因为他看得很清楚，那个农夫的模样，正是曾经的自己，原来太阳、乌云、狂风、大山和草木，也无比地羡慕着人类。最终，农夫变成了自己，开始了每天快快乐乐的生活。

幸福是什么？一百个人也许会给出一百个答案，但大多数幸福都要由对比而来，这是毋庸置疑的。然而，对比能够让人感到幸福，也会让人产生自卑，而自卑又很容易让人生出羡慕嫉妒恨。如果我们不能及时扼住自己的负面心理，对别人的羡慕就会遮住你的双眼，甚至让你做出一些偏激的事情来。对此，我们应该理智地意识到，每个人都有自己的优势和劣势，当我们看到别人的优势时，也应该看到自己的优势，而不应该用自己的劣势去和别人的优势比。找到自己的优势，努力珍惜并且尽量发挥，羡慕之心自然会有所收敛。

现实世界中，我们不要盲目地和人攀比，更不要轻易地失去信心，而是要尽量保持一颗平常心。要知道，无论我们通过何种途径得来幸福，感受都是一样的。因而，别人的幸福是别人的，我们的幸福是自己的，没必要因为别人的幸福而忽视和丢失掉自己的幸福。当你正在羡慕别人的幸福时，也许对方或者其他的人正在羡慕你的幸福，而你却对自己的幸福丝毫不懂珍惜，这才是最大的不幸。因此，我们必须把目光放在自己身上，实事求是地去寻找自己的幸福，这样才能离幸福越来越近。

总而言之，我们生活在这个世界上，身份、地位可能不一样，但是在幸福面前一律平等。大富大贵的人有属于自己的幸福，普普通通的人也有属于自己的幸福，不管我们是大富大贵还是普普通通，只要安守自己的幸福即可，切忌你羡慕我，我羡慕你，把大好的时光和幸福白白地浪费掉。正如著名作家苏青所说：“幸福是满足自身的需求，而不是把别人的幸福拿来，硬生生地套在自己身上。”

# 11 远离“伪开心”，匡扶“正义”之气

自甘堕落的人总认为自己是最不可救药的瘫痪者，因而总是赖着不起来。

——亨·埃利斯

有个电脑程序员很喜欢玩网络游戏，每天除了工作和睡觉之外，几乎和网络游戏形影不离，俨然已经是一位“游戏中人”。朋友见他很“不知疲倦”地打游戏，见缝插针地劝他控制上网时间，每天上班已经在电脑前坐了一天，晚上回家继续玩电脑，不要说身体其他部位，就算是眼睛也迟早受不了。

然而，这个程序员非但不以为然，反而信誓旦旦地说：“网游可以陶冶情操，锻炼大脑灵活性，还可以和天南海北的玩家交朋友，我前段时间还和一个漂亮妹妹网恋了。何况，咱们现在的压力这么大，出门就要花钱，我还不如窝在家里打游戏，又能排解压力又能省钱。”

朋友辩驳不过他，只能就此作罢，希望他能够好自为之。一年之后，程序员已经浑身是病，同时精神也越发萎靡不振。一个周末的晚上通宵打游戏，天亮后他准备像往常一样上床睡觉，剧烈的疼痛从腰底传来，立即让他瘫软在地。庆幸他的上半身还能够自主活动，于是立即抓过电话，给朋友打了过去。

经过医生抢救，程序员最终脱离了生命危险，但是他的腰椎已

经严重变形，腰部肌肉也已经被挤压畸变，同时伴有中度的眼角膜发炎。程序员不无担心地问：“医生，我以后是不是不能打游戏了。”

医生无奈地回答道：“不仅是打游戏，工作都必须尽快停下来。如果修养时间少于三年，你的腰椎和连带肌肉将永远无法恢复，同时也会影响你的寿命。”

程序员大惊失色，但是为了保命，他不得不放弃了游戏和工作。

毋庸置疑，我们每个人身上都存在这样或那样的毛病，但是即便我们深知其害，仍然不愿及时改正。究其原因，就是因为这些毛病能够带给我们某些快感，从而让我们在“犯病”的时候开心不已。久而久之，这些坏毛病还会被我们“扶正”，即寻找各种各样的借口说服自己那不是毛病，或者是能够接受范围内的毛病。当别人好心劝诫时，你更是大言不惭，把自己的歪理邪说一通表述，以至于连自己都被自己的谎话骗了。事实上，当你挖空心思去说服自己并向别人解释时，就说明那是不合理的，是需要尽快予以纠正的。

应该说，所有被不良嗜好“绑架”的人，都能够为自己找到“合理”的借口，而这种因不良嗜好而得到的开心，实际上就是伪开心。比如对于一个产生酒精依赖的人，他会说喝酒可以除秽去污，可以消愁助兴，可以结交朋友，可以抒发豪气等。而对于饮酒会造成“三高”，以及各种心脑血管疾病，尤其是酒后驾车有随时可能危及自己和他人生命等负面作用，却从来都是只字不提。其实，我们与其为这些恶性辩解，同时与它们带来的反噬作斗争，不如尽早改掉这些毛病，并争取用优点和亮点将其取代。

之所以迟迟未能如此，是因为你根本就没有形成正确的认识和观念，或者即便形成了也没有实行的决心。你可能会有各种各样的担心，也可能抗拒改变自己已经形成的习惯，尽管连你自己也知道那是负面的，就是不愿意为了打造一个完美的自己而放手一搏。我们常说，想法决定行为，行为养成习惯，习惯铸就性格，性格创造命运，可见我们的命运是可以掌握在自己手中的。很多人之所以心向伟大而身陷平庸，并不是没有追求，而是被太多的坏习惯掣肘，以致于每天都在小娱小乐中苟延残喘。

伪开心还来自国人一贯的小富即安心理，对于很多人来说，比上不足比下有余就已经是非常理想的生活状态。虽然偶尔受到境遇优于自己的人刺激，而发誓力争上游，但是在遇到困难之后，眼光还是会锁定那些境遇不如自己的人。然后用“收入多的人压力大”一类的话来麻痹自己，转而找到那些境遇不如自己的人寻找优越感，继续回到自己小富即安的心态中虚度光阴。应该说，没有人会认为自己的想法错误，也没有会认为自己是愚蠢的，因而一旦我们做出决定，各种各样的借口都会随之产生，哪怕那决定非常之离谱，我们也能够成功说服自己。

如今，晚婚晚育被很多人挂在口头。在他们的说法中，家庭会成为事业的羁绊，因而必须先立业后成家。但是当我们审视他们的事业时，多半也是不成功的，而且连他们自己也不知道什么时候能取得成功。换句话说，追求事业成功只是他们回避婚姻的借口，很可能他们从来没有牵过女孩子的手，也没有勇气向自己心仪的对象表白，却滔滔不绝地谈着自己的风花雪月。尤其是在别人信以为真的时候，这种风花雪月的谈论，也能够带给他们开心，尽管这是一种不折不扣的伪开心。

众所周知，生活其实就是一个不断选择的过程，而既然是选择，就必定会有对错产生。可惜大多数人并不愿意正视这一点，他们会把自己的正确选择大加宣扬，同时也会把自己的错误选择掩藏起来，或者进行各种各样的解释和粉饰。事实上，这是一种人之常情，因为承认错误确实会让人感觉自己是一个失败者。但是我们选择不承认之后，事实会因此而发生改变吗？答案当然是否定的。因此，我们不如抛开一切伪开心，直面自己的错误，至少在内心当中要知道哪些事情是正确的，以及哪些事情是错误的，从而总结出宝贵的经验和教训，为自己日后的更上一层楼奠定基础。

**情商（EQ）**
**高手最佳养成手册**

一本书让你拥有出色的
自我控制能力